和傘・パラソル・アンブレラ

傘｜和傘・パラソル・アンブレラ
目次

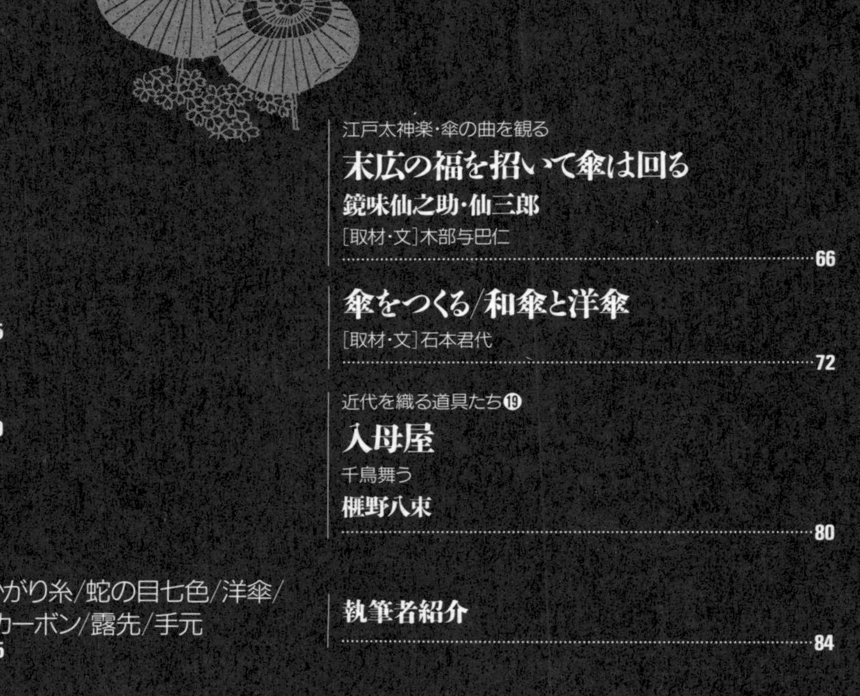

この小冊子は
LIXILギャラリーにおける
「傘展／和傘・パラソル・アンブレラ」と
併せて刊行される。
［展示企画＝浜田剛爾］

洋傘の各部名称

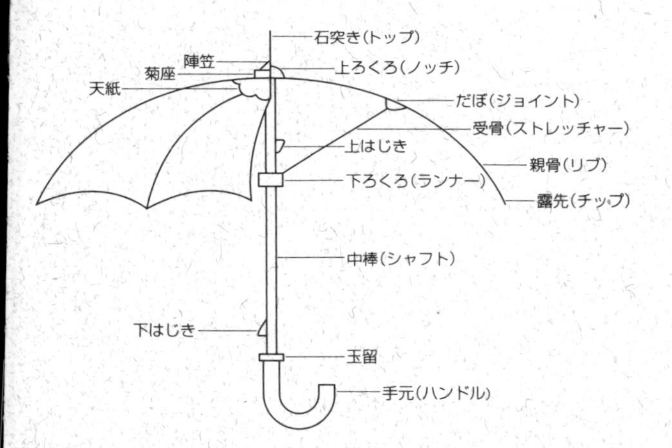

和傘の各部名称

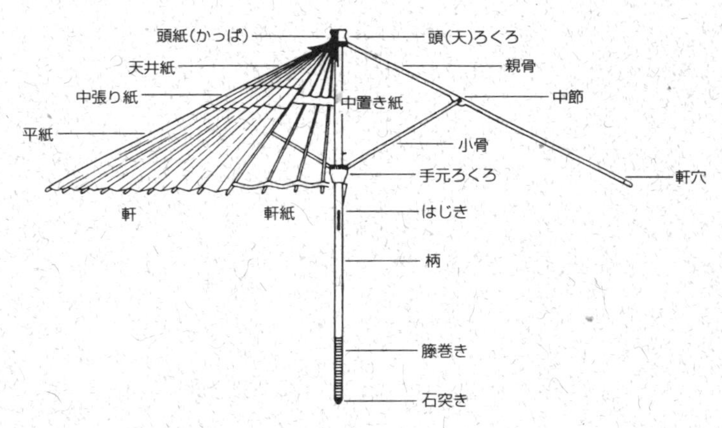

杉浦康平

対談

傘のイコノロジー

郡司正勝　杉浦康平

郡司正勝

動物の霊力を表す……………龍王・松・芸能

◉郡司◉笠、あるいは傘という形ですが、これはインドから入ってきたのか、あるいは中国に古くからあって日本に入ってきたのか。いかがでしょう…。もとの形は、どうでしょうか。

◆杉浦◆仏教にまつわることで思いだすのは、仏陀が瞑想していて大雨が降りそうになったときに、ムチャリンダという地下に住む龍王が仏陀の体にとぐろを巻いて支え、さらに自分の体を思いきり伸ばし、その頭をわっと広げて仏陀を護った…という説話です。龍王とはコブラですが、その七つの頭が広がり傘になった。

タイはこのムチャリンダへの信仰が厚く、ムチャリンダが仏陀の頭上を天蓋や傘のように覆う仏像にあちこちで出会います。ちょうど傘をさしかけるような感じですね。動物の霊力が地上から伸びあがり、まるで傘のような役割を果たすという例は、ちょっと西洋には見られないものではないでしょうか…。

◉郡司◉菩提樹や宇宙樹というものの樹と枝が垂れているイメージは、傘と一致するわけです。日本の場合、樹というとまず第一に松ですよね。笠松峠とか笠松という地名もたくさんある。笠松というのは、松が笠の格好で頭上に振りかざした形ですね。

中国の伝説ですが、松は唐の玄宗帝から〈四位(しい)〉の位をもらっているんです。玄宗皇帝がにわか雨にあって松の下に宿るのですが、その松の枝が急に大きくなって枝をさし伸べて雨宿りさせたというのです。それで四位を松にやるんですね。四位というのは、芸能人がもらう最高の位なんですよ。

それから〈太夫(たゆう)〉という名称は四位をもらった人のことなんです。だから太夫というのは芸能人の取締というか、最高位で、たとえば、平安朝の宮中の五節(ごせち)の舞などが出るときに、楽前の太夫といって、四位をもっている人が芸能人を引き連れて舞台に上るんですね。そういう意味で四位の位というのは後世の遊女まで太夫と

ムチャリンダ龍王の
七つの頭が広がり傘となって、
仏陀を大雨から護る。
タイの寺院壁画より

仏陀の頭上を
天蓋のように覆う
ムチャリンダ

いわれるようになる。これはもとは白拍子の流れだから、やはり芸能人ということで敬称として受け継いでいるわけですね。

◆杉浦◆歌舞伎にも太夫という役柄がありますね。

◉郡司◉歌舞伎では女形（おんながた・おやま）が太夫なんです。これはやはり遊女の芸の流れだということです。大正時代の沢村源之助（四世）という人は女形で〈田圃の太夫〉と言われた最後の人でした。田圃とは、吉原田圃に住んでいたからです。それは中国から日本に入ってきた伝承ですね。だから、必ず傘をさしかけるわけですよ。遊女でも、太夫だから傘をさす。それはそれを相承しているわけですね。一時、貴人とまちがえられ、江戸の初期に禁止になったことがある。

日本に古くからあったのは笠で、柄はないのです。笠は最初から実用と精神性というか宗教性を兼ねているわけですが、中国から来たものは蓋なんです。

中国でも蓋の伝説は天地の開闢とともにあります。女媧という、五色の石を錬って天地をつくったと言われている創世神がいます。確か四川省から出てきた墓の石室に残っている画像石に描かれた女媧の絵では、頭の上に笠が飛んでいる絵がある。それには紐というか垂れ絹がついているだけで柄はついていないんです。ただ天にふわっと雲のように飛んでいるわけですから、傘に柄をつけたのは人工的なのでしょうね。

だから天の蒼穹というものを蓋に見立てているんですね。天を笠と考えたわけです。

◆杉浦◆伏義・女媧の姿を見ると人身龍尾。この兄妹神は長い尾を絡ませあって、再生・豊穣を象徴しています。蛇や龍、つまり爬虫類はアジアでは霊力あふれる聖獣だとされるのですが、その力がついに傘状のものにまで及ぶ。蛇と龍をごちゃまぜにしましたけれども、龍・蛇ともにアジアでは樹木との結びつきがとても深い。宇宙樹や生命樹と深いかかわりをもつ龍と蛇は、傘的なもの、天と地を結びつけるという象徴性に、興味深い役割を果たしているのではないかと思います。

◉郡司◉そうですね。中国の伝説は仏教以前というか、仏教とはちょっと違う道があるとすれば道教的なものでしょうね。今でも台湾あたりでは行業神といって、それぞれみんな商売人には守ってくれる神様がいるわけです。泥棒でも遊女でもみんな神様がある。そのなかで傘屋さんの祀る神が女媧なんです。やはり天をつくった人が傘屋の先祖神ということになるんです。

本体を隠す……天蓋・雨・風流

◆杉浦◆中国古代の黄帝が、京劇では天蓋を頭上に戴くという姿で現れると郡司さんが記されていましたが、天下を統べる人と傘の関係は深いものがありますね。

◉郡司◉だから蓋の下には神様の特別な加護がある。日本の神楽で

「住吉名所之笠松」。
松の枝ぶりが
笠に似ている
ところから、
笠松の下には
神が宿るとされた
傘のイコノロジー

も天蓋というのを天井からぶらさげるのは、やはり神を招く仕掛けですね。装置として笠を使うわけですね。

◆杉浦◆天蓋は、ときに五色の紙を用いたりしますけれども、この天蓋の色には意味づけがあるものですか。

◉郡司◉白いのと五色のと両方あると思いますけどね。本来は五色かもしれませんね。五色の瑞雲なのでしょうか。でも、日本へ来ると白だけになってしまうんですね。五色というのは五方の色で中国式ですからね。日本人はやはり神道になると白い雲ばかりになってしまう。それがたなびくみたいに、天蓋に来るまでの道をつけるんです。

◆杉浦◆布かなにかで…。

◉郡司◉布でも紙でも、呼び綱みたいなものにして、呼ぶんですね。綱の橋を渡す。そこを伝って来るわけでしょう。

◆杉浦◆ムチャリンダ龍王が仏陀の上に体を広げたように、傘蓋（さんがい）というものを聖者や貴人に向かってさしかける。つまり、下から差し出すことになるわけです。しかし今の「伝って」ということをうかがうと、さしかけるだけでなく、上方から降りてくる、招く、そういう役割も傘にはあると思われます。

つまり下から起ち上がるものと、天空から降りたつもの。この二つが、あの傘という一つの膜の上下で巧みに出会う。傘にはそのような二つのイメージが潜んでいる…。

◉郡司◉それは傘の柄を一種の避雷針と考えると、天と地を結ぶ…(笑)。

◆杉浦◆傘の形そのものに一本の中心軸がありますね。一本の柱が上方の広がるものを支えている。柱は、巧まずして天と地を結ぶ宇宙軸になっている。上方の広がる部分は、樹木の枝が広がるような形になる。だから傘というのは、よく生命の樹、つまり豊穣を招き生みだす装置にたとえられたりもします。やはり中心軸に貫かれて広がるという傘がもつ独自の構造が、傘の働きを表しているように思います。

あと被りものとの関係も、多彩な形であるんじゃないでしょうか。傘を小型化して頭の上に載せる笠のような…。

◉郡司◉それがいったい帽子になるのかどうかという問題が一つあるでしょうね。傘は特別なもので、帽子は、もっと俗なものだと思いますけどね。階級によってついたり、職業によっていろいろ帽子というのがあったりしますからね。階を表す。けれど貴人の被るものは、やはり冠の役目をするのでしょう。あれは寝てても昔の人は帽子をとらないですね。常に保護されていなければなら

天界から帰還する仏陀。
天蓋で荘厳される。
タイ寺院の壁画

タイ国王の
玉座と
天蓋

ない。

◆杉浦◆あるいは仏陀やキリストの光背のように、聖人・貴人から放たれるものとして心ある人には見えているものでなければならないものだったのかもしれませんね。ところで郡司さんがよくお書きになっていることですが、被ることは隠すこと。中を見えなくすることによって、巧まざる深い意味が生まれでてくるように思いますけど…。

◉郡司◉笠・傘の場合は顔を隠しますよね。平安朝の枲(むし)の垂れ絹は帽子の垂れ絹みたいな感じですね。傘のまわりに垂れをつけますから、いっそう見えなくなってしまう。まわりに雲がたなびいている。幕ですね。つまり籠(こも)るという感じになるんですね。

◆杉浦◆「籠る」と「隠す」ですか。編笠のようなものは、中が透けそうで見えない。両義的なきわどい感じがあるんじゃないでしょうか。

◉郡司◉つまり本体というものは、隠すしかないんです。本体というものはむき出しにしてしまうと、それは本体ではない。だから隠すことによって本体の世界ができるわけですよ。本来は着ているものとか、履いているものを見れば、その人の身分などがわかるようなね。裸にするとわからなくなる。誰も彼も同じだし(笑)。

◆杉浦◆いちばん籠っていてわからないのは、魂かもしれませんね(笑)。

◉郡司◉だから人間は結局仕掛けしかわからない。仕掛けによって本体を想像する以外にない。本体を見ることができないというのが本来ですよね。そのうちのいちばん重要な、聖なる仕掛けの一つが蓋(笠・傘)です。

◆杉浦◆さきほどのさしかかる、天から舞い降りるというような働きの一つとして、仏教寺院などに行くと、仏さんの頭上の天蓋が蓮華の花だったりすることがあります。たとえば、中国では敦煌の石窟の天井には美しい大蓮華がマンダラのように描かれていたり、タイの仏教寺院の天井には巨大な金色の蓮華が連なるように開いている。たぶん天上界に咲く蓮華で、天から地球に向かって光を降り注ぐように花弁を開く。尽きることのない豊かな力を注ぐ…というイメージがあるのではないでしょうか。

◉郡司◉隠岐の島前神楽が、巫女さんが舞うと、天蓋が動く。天蓋が動くと、天蓋の上から五色の花が散ってくる。それは切幣(きりぬさ)なんです。それは天から降ってきて、天人が花弁をまくのと同じことですよね。

◆杉浦◆素晴らしいですね。傘にまつわるみごとなイメージの一つですね。

◉郡司◉一種の動く仕掛けですよね。傘を生きものにするためには動かさなければいけないから、動く仕掛けをしなければいけない。からくりですよ。隠岐の島などは、朝鮮の習俗が伝わってきているところでしょうから、古い習慣が残っているんでしょうね。五色の雨が降る…。

墳墓の天井を飾る
大蓮華。
周囲を星座が
とり囲む

◆杉浦◆雨ということに結びつくのですが、傘が恒久化すると寺院の屋根の象徴性と重なりあう。私は以前から神輿の造形に興味をもち、いろいろと考えているのですが、たとえばあの大きくふくらむ屋根には独自の意味が隠されています。
ネパールのカトマンドゥにある黄金寺院の屋根が衝撃的な造形をもつ。屋根の棟の頂、普通だと中心には宝塔や宝珠が置かれるのですが、この寺院の屋根は、宝塔や宝珠を支えた金色の4匹の蛇が天から舞い降りるかのように造形されている。尻尾を枝のように広げ、その上に宝塔を乗せる。蛇の体はリズミックに舞い降りてくる。その蛇の口の先からは、さらに長い長い金ののべ板が四方に向かって垂れ下がっています。つまり、宝塔・宝珠は天の中心と、太陽のエネルギーを表す。その中心からまさに金色の液体、つまり甘露水＝豊穣の雨水が降り注ぐありさまを造形化していると考えられた。いわゆる天蓋というものの働きをじつにみごとに造形化した例だ…と思って感嘆したんです。
つまり、今のお話の切り紙の散華を、もう少しはっきりと動物の力に託して造形化したよき例の一つだと思うんですね。僕はこのような象徴性が神輿の「蕨手(わらびて)」、つまり四方に向かって屋根をむくらせている形の中にも読み取れるのではないかと考えています。
◉郡司◉日本はやはり日本民族の好みに変化させていってしまいますからね。中国から入ってきても、南洋から入ってきても日本人向けに単純化してしまいますから。だけどそれのもとを手繰っていけば同じことになってしまうと思いますね。ただ飾りとして残ったものだけは、祭礼にどうしても必要だから飾りは残す。それが火に対する水の形象としての龍、あるいは巴(水渦)とかを象徴するということでもありますけど、屋上に屋を重ねるという考え方は日本人にはあまりないんです。一つでもって何か想像させてしまうんですね。
◆杉浦◆それが日本的風流(ふりゅう)の一つの核になりますね。
◉郡司◉しかし、風流自体としては日本人的好みではないですよ。花笠とかいっぱい飾るのはね。
◆杉浦◆どちらかというとアジア的な賑わいの発想ですよね。それにしても日本的洗練といっていいのか、簡素化といっていいのか、形(かた)といっていいのかわからないんですが、そのように一つに整理しながらも、祭礼の風流の傘などはじつに多彩な展開をしているわけですね。
◉郡司◉いろいろ形が変わって、すごい変化をしていくわけですけれども…。

ネパール、カトマンドゥの黄金寺院。天頂から4匹の金色の蛇(龍王)が舞い降りる

神意の見せ方……………旗・雲・囃子

◆杉浦◆傘は天蓋の象徴だと考えられるのですが、郡司さんは傘は山だとも断定されている。天蓋であり山であるという、傘がもつこの二重性というのはいったいどのように説明したらいいんでしょうか。

◉郡司◉説明はつかないですよ。問題を出しているだけで…(笑)。

◆杉浦◆でも、それは非常におもしろい点ですよね。山は地上にあるものであり、山の上に天があるわけなのだけれども…。

◉郡司◉ないものをあるように見せるのを山師といいますから(笑)。

◆杉浦◆なるほど。傘などはもってこいの主題だった…(笑)。

◉郡司◉塔か何かで見慣れている、五重の塔とかね。笠を重ねる形のものでしょう。笠塔婆というのがありますよ。塔婆の上に笠のついている笠塔婆というのがね。阿弥陀笠なんていうのは、阿弥陀さんに後光がありますが、あれも笠でしょう。

◆杉浦◆言われてみれば、そのとおり傘の骨にも見えてきますね。しかし、それでも山に見立てられるとすると、山のもっている一種の聖性、つまり起ち上がろうとするものと天が指し示す聖なる力、つまり降り注ぐものとが重なりあい、それが山形の傘の上に出現すると…。

◉郡司◉地上が盛り上がって天に接するところ、天に接するところは山ですからね。それをつなぐのは傘だと考えれば、神様がいちばん交通するところで、その形を人工的にすれば傘になるわけです。自然信仰から傘に移動して、人工にしたというところが傘のおもしろさであって、どう自然信仰を見立てたというところで、傘にはそういう神聖さを残したということがある。

◆杉浦◆笠や傘以前に日本にあったものとして、幟(のぼり)や垂れ幕など、一種の「はためくもの」があった。このはためくものは雲のたゆたいを表し、その思いがけぬ動きが、神遊びのようなものを表現する。つまり天上的なものに変化していく。笠以前にはそのようなものがあったのでしょうか。

◉郡司◉というよりは、天と地を行き来するものは雲だというふうに考えられていた。それは神様の乗りものですよね。

◆杉浦◆山にかかる雲というものがまず重要であった。雲は雨を降らせ、森林や水田を潤していく。その雲を形にしたかった…。

◉郡司◉それを、造形すれば旗になるんです。

◆杉浦◆あるいは幟になる。

◉郡司◉動くものは旗ですからね。やはり仕掛けというのは動いてみないと神意が発動しないのです。人間はばかだから地震でも来ないと神様の力がわからない(笑)。

◆杉浦◆祭礼の装置になるものは、何か超越的な不思議を生みだすものである。たとえば山車の巡行で、わざわざ狭い道を引き回し

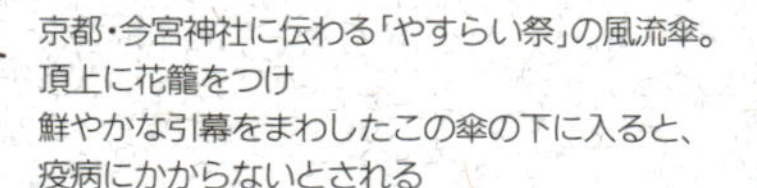

京都・今宮神社に伝わる「やすらい祭」の風流傘。
頂上に花籠をつけ
鮮やかな引幕をまわしたこの傘の下に入ると、
疫病にかからないとされる

踊るガーナたち。
ヤクシャとともに
豊穣を奏でる
インドの精霊神。
アマラヴァティの
遺跡より

たり、すばやく回転させたりして、動く不思議というものを取り込んでいく。そのようなものと傘や幟の生成は、どこか深いところで繋がっているわけですね。

◉郡司◉やはり神様がやってきたというためには、普通と違う歩き方をしたり、そういう動きが芸能の場合は出てくるわけですよ。神輿だって、ただまっすぐ来るだけではなくて、あっちにぶつけたり、こっちにぶつけたり、変化しながら来るわけです。神様の神意の表現なんだから、それを神の怒り、喜びとみる。その神様の神意を発動させるために、団扇(うちわ)であおぐんですよね。暑いからあおぐんじゃない(笑)。あれは囃子(はやし)なんですよね。だから「ワイワイと囃せ」というのは、何も音楽ばかりが囃子ではなくて、手を打ってもいいし、木を叩いても囃子ですよ。だからそれは動かすことというか、成長させること、神意を発動させることが囃子だから、囃すということは、植物が生えるということと同じで、「生かすこと」、成長していくことです。

◆杉浦◆山車をとりまく賑わいなどは、アジアでは精霊神の働きだとされる。たとえばインドのヤクシャやキンナラたち。須弥山、つまり宇宙山であるメール山の麓の森にヤクシャという植物の豊穣をもたらす精霊神が住んでいる。かれらを統括するのは、財宝神のクーベラー(毘沙門天)です。クーベラーとともにいるヤクシャやキンナラたちが奏でる囃子とは何かというと、じつは森のざわめきなんですね。風が通りすぎるときのさやさやとしたざわめきが豊穣を生む。祭礼のときの囃し手は、山車という山のまわりに群がって、団扇であおいだり、囃子を奏でたりするわけですから、インド神話における精霊神ヤクシャやキンナラなどの働きが、日本では町衆の人たちに担われていると考えてよいと思うんですね。

◉郡司◉宗教の在り方が日本と向こうでは違いますからね。インドでもインドネシアでも、古代の神様が現代でも生きているでしょう。

◆杉浦◆本当に生き生きしていますよね。

◉郡司◉日本ではそれがだんだん遠くなっているから、結局その形を人間がつくらなければならないんですよね。だから神様の形というものは、そう原始的ではなくて、何かである日、突然見せるしかないんですよ。象徴的にね。

日本的な傘の象徴性……〈もどき〉と〈やつし〉

◆杉浦◆郡司さんは国立劇場で歌舞伎と京劇の『立ち回り比較公演』(昭和60年3月)を企画されましたね。京劇は『三岔口(サンチャーコウ)』という激しい立ち回りを見せる。歌舞伎の場合にはいなせな若衆が傘を持って出てきて、すぼめた傘は剣に見立てられる。その傘を使う立ち回りはほとんどが形(かた)で、二人の傘が触れ合いもなく、音もたてぬ…というものでした。ちょっと物足りないほどに優美な立ち合いだった。しかし最後にあっと驚いたのは、その傘をぱっと広げ、それ

小田原市・城前寺の傘焼き祭。
曽我兄弟の伝説に由来する傘焼き祭は各地に残っている。
写真提供＝小田原市役所観光課

三本傘の紋どころ

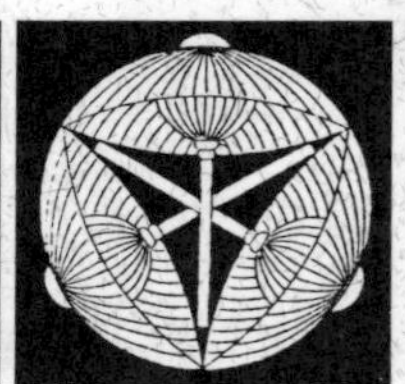

を舞台の上でクルクルクルと回して、2本の傘であっという間に人力車なんかをつくってしまったことです。その上に乗る風情で舞台から消えていった…。傘が剣になり車輪にもなって、形の立ち回りにみごとな花を添えたのを見て、観客は拍手喝采でしたけれども、日本の芸能での傘の役割や工夫のおもしろさはいろいろありそうですね。

◉郡司◉日本の立ち回りが京劇と違うところは、立ち回りの陣形が見立てになって絵模様になる。『逆櫓』の立ち回りなどは、舟の形にしたり、『葛の葉』では狐に因んで鳥居型をつくったりする。やはり洒落っ気というか、日本人はそういうふうに、どんどん〈もどいて〉いってしまうんですよね。姿を〈やつして〉しまう。それがあるんですね。だから神様が現れるときも姿を〈やつして〉現れるんですよ。生で神様が出てくるということはあまりないんですね。

◆杉浦◆歌舞伎では、たとえば古い傘というのはなにしろ化けるものだ…ということや、傘が現れると、傘と幽霊が結びついて現れるということがあるように思うのですが…。

◉郡司◉お化けとか妖怪が結びついてくるのは笠ではなく、傘のほうなんですよね。破れ傘なんていうのは、百鬼夜行の絵巻なんか見ても、傘の破れ目のところから化け物が顔を出しているとか、破戒坊主が寺を追い出されるときも破れ傘だけ一本くれる。ああいう習慣というのは神の零落した形だろうと思います。

◆杉浦◆これには、傘と山との重なりということもあるんでしょうか。

◉郡司◉お寺というのは何とか山、何とか寺というでしょう。だからみんな山号、山がついているわけです。今度は傘だけがその山を象徴して、破れ傘をもらって寺を追い出されてしまうという、非常に象徴的で、落語的で、〈やつし〉なんですよ(笑)。

◆杉浦◆身にしみますよね。身も心も本当にやつれる…(笑)。

◉郡司◉鬼の念仏なんていつでも傘をしょってるでしょう。大津絵の鬼の念仏、あれも追い出された坊主の形ですね。角が折れている。

◆杉浦◆大津絵の場合には、破れ傘と隠れ蓑を持っていることをお書きになっていますね。

◉郡司◉隠れ蓑のほうは、折口信夫さんも言っているけれども、神様が訪問してくるときには笠と蓑を着けてくる。それは今でも沖縄の石垣島の正月行事に残っている。

◆杉浦◆アカマタ、クロマタ…。

◉郡司◉正月に訪問してくる神はやはり笠と蓑を着けて訪問してくる。それも結局姿を隠しているということ。

◆杉浦◆〈やつし〉ですね。郡司さんは、その笠を破ったり、焼いたりという祭礼のことをお調べになっていましたね。

◉郡司◉富士の曽我神社の笠焼き祭。傘に精霊がつくから焼いてしまう。古くなると器物は何でも精霊が宿るといいますけどね。だから、焼き捨てなければならないということがあると思うんです。

歌舞伎の三蓋傘。汐汲の場面

笠焼きの神事なんていうのも、あれは『曽我物語』にも結びついているんですよね。曽我兄弟が討ち入りするときに、古い笠を焼いて、それを炬火がわりにしたという話があります。
中世に三本傘の紋どころがあるんですよね。この紋どころをつける家は名古屋（名護屋）の家なんです。名古屋氏（うじ）の紋です。
歌舞伎にも出てくる名古屋山三というのは、この紋どころをつけています。名古屋山三と不破伴左衛門が鞘当てするような表現が歌舞伎十八番にあります（『鞘当』）。
◆杉浦◆この場合の三本というのは三蓋の傘とか…。
◉郡司◉三蓋傘というのは、上に重ねるわけでしょう。三蓋松とかね。歌舞伎舞踊の『道成寺』や『鷺娘』にも用いる。中国でも道教のお祭りとか、京劇などにも用いる。
◆杉浦◆三という数は、いろいろな喩えがあるでしょうが、歌舞伎の場合にはどのように説明されることが多いんですか。
◉郡司◉やっぱり〈天地人〉でしょうね。中国あたりかもしれませんね。三というのはね。だから何でも、三つ重ねないと一つの宇宙ができ上がらないんですね。崑崙山も三つ山です。つまり聖山です。
◆杉浦◆陰と陽が出会い、三が生ずる。三は無数であり万物である…というような言い方ですね。
◉郡司◉東洋的弁証法…。三三九度の杯とか、歌舞伎あたりでも首を振るときでも必ず三つ振る。動作を三つで一つのフレーズにしたというか、完成した形ですね。傘もそういうことがあるかもしれませんね。傘という世界がね。三山（さんざん）だね（笑）。
笠焼きには、まあ天に送るという二重的な意味もあるのでしょう。だいたい幽霊が出てくるのは傘の上に下がってきますからね。『皿屋敷』なんていうのは、傘の上から菊の霊が引き戻す。
◆杉浦◆上から垂れて落ちてくるわけですね。
◉郡司◉そうです。宙づりで、傘の上に下がってくる。
◆杉浦◆上から垂れるというのは、何か特別な意味があるんでしょうか。
◉郡司◉だからやはりそういう精霊を中有（ちゅうう）から迎えることがあって、それが堕落した、妖怪化した姿というふうに考えるしかないでしょう。
◆杉浦◆上方から降り立つわけですね。幽霊も上から降り立つと。
◉郡司◉いつでもそうです。人間も世紀末になると神様ばかり降りるんじゃなくて、妖怪だって降りてくる。
◆杉浦◆そうか、筋が立っている…。
◉郡司◉筋が立っているかどうかわからない（笑）。

開いた傘と閉じた傘……………たたら・幽霊・立ち回り

◆杉浦◆幽霊の話にかかわるのですが、私は、傘自身がお化けになっている「一本足の唐傘のお化け」について一つの仮説をもってい

京劇にも傘が登場する。皇后の頭上にさしかけられ、権威の象徴として用いられる

インド、オリッサ州の葬儀車。数多くの傘と布で飾られている

ます。この破れ唐傘は、一つ目で舌を出し、しかも一本足。その先はサギの足、つまり水掻きのついた鳥の足になっているんですね。ときに破れ傘の胴体から、たぶんカエルか河童の手が突き出して踊りを踊っている。このお化けを、落ちぶれたたたら(古代鍛冶師)になぞらえて解いてみたことがありました。たたらの頭領が、溶解した鉄の温度を調べるために片目で穴から火勢を覗くという。これは谷川健一氏も言っておられるのですが、そのために頭領はよく片目をつぶす。
また傘を激しく開閉させるとバタバタと音がして、まるで鳥の羽ばたきのようですね。それはちょうどたたらで使われる鞴、それを天羽鞴と呼ぶのですが、傘の開閉が鞴の動きや天翔ける鳥の羽ばたきを想わせる。さらに鞴は片足で踏むので、その足が痛みやすいという。だから、これらのものが重なり合うと、柄の先の鳥の足は天の羽鞴のなれの果てで、一つ目・一つ足もたたらの労働とかかわっている。近代の鍛冶屋に追われて落ちぶれたたたらのなれの果ての姿ではないかと。
一つ目に舌出しというのは、だいたいアジア共通の魔的な力をもつものの象徴でもあるのですね…。

◉郡司◉私はあれが一つ目になったのは、鞴から火が飛んで、目に入って一つ目になったのだと思っていました。鞴というのは傘の形ですよね。

◆杉浦◆ええ、そうですね。だから唐傘お化けと落ちぶれた古代製鉄師とは、私のイメージの中ではぴったりと結びつくんですけどね。

◉郡司◉まあねえ、あんまり極端に、早く結びつけすぎるというのも問題があるかもしれないけれども(笑)、ワンクッション置いて考えてみることの方がおもしろいと思いますけどね。

◆杉浦◆歌舞伎には、閉じた傘と開いた傘のはっきりとした使いわけがあるのでしょうか。

◉郡司◉いろいろ変化させるから、結局立ち回りのときは閉じてないと立ち回れないし、防御するときには開いて防御する。相手の目をくらませる。傘を開けば見えなくなってしまうでしょう。だからそれを開くわけです。開いたところを刀でずばっと斬って二つに割ったりね。また、たとえば盗んだものを傘の中に入れる。そして持って歩くとわからないでしょう。それが何かの拍子に傘を開くとばらっと落ちてわかったとか…。

たくさんの幟を立てた博多の山笠。
「博多祇園山笠巡行図屏風」(江戸時代)より

◆杉浦◆傘は重要な道具立ての一つですよね。

◉郡司◉飛ぶこともありますよ。風で飛んでね。それから宙返りをするときに傘を使って飛ぶという、傘を持っているから飛べるわけですね。それで宙返りするわけですね。京の清水の舞台を飛び降りるときは傘を開く。運をかけるという意味があるのでしょう。骨寄せの岩藤(『加賀見山再岩藤』)も傘をさして亡霊になってね。

◆杉浦◆幽霊が傘をさすと？

◉郡司◉そうです。幽霊が傘をさすんです。お国御前(『阿国御前化粧鏡』)の場合もそうですね。つまり魂、傘で魂が飛ぶということを象徴するんですね。一つは宙返りするために仕掛けが必要になる。傘の真ん中の柄にワイヤみたいなものを通して、それで体を吊るんですよ。『桜姫東文章』にも傘が出てきて、清水の舞台から飛ぶくだりがあり、「三囲」では傘に歌が書いてあるわけです。その歌が事件を解いていくという形になるんですね。落ちている破れ傘を拾って、その下で焚火をすると、その光線で字が傘の上に浮きだして字が読める。

◆杉浦◆油紙ならではの発想ですね。

◉郡司◉『四谷怪談』では伊右衛門が内職に傘を張っていますよね。お岩が亡霊になる前兆みたいなものです。

◆杉浦◆さしかけの、半分に閉じた傘というのも非常に独特の使われ方がありますね。

◉郡司◉ものを隠していると半分しか開かない。中に財布とか仏像とか隠している。早変わりするときも傘を使う。一人の人間が男と女になったりする。傘は隠せますからね。

山と傘の一致……………山車・女形・巫女

◆杉浦◆各地に分布する祇園祭の山車の呼び名のなかに、山笠という名がありますね。博多の山車なんかはなぜ山笠というのでしょうか。

◉郡司◉山車は山のことでしょう。だからそれを笠でもって、山を象徴するから山笠というのではないでしょうか。

◆杉浦◆インドの仏塔(ストゥーパ)の研究書に珍しい写真が載っています。まるで手で修整したような心もとない写真なのですが、傘を主役にして、それをたくみに積み重ねた山車が写しとられていて、びっくりしたことがあるんですね。オリッサ州の、コータと呼ばれる特殊芸能集団(鍛冶や音楽をつかさどる)の人々の葬儀車だという。布を垂らし、たくさんの傘で荘厳として、その全体が山を象っている。

◉郡司◉そういうことは、向こうの人だからデコレーションするんでしょうけれども、日本では傘一本もってきても山ですからね。

◆杉浦◆もはやその伝統は失せたと思うのですが、この風変わりな山車を見たときにまず最初に連想したのは、博多の山笠、それも昔の屏風絵に描かれた姿なんですね。たくさんの幟を立て、それが天上近くではためいている。何かそういう山笠の姿がいちばんよく重なり合う。今日の博多の飾り山では当代人気の人型の依代、ウルトラマンのようなものが主役になって、はためく要素が消え失せてしまったわけですけれど、日本の昔の山笠も長い布を前に垂らして滝を表現し、頂上には幟が差しこまれて、何か傘に似た要素が山車にふんだんに取り入れられていたと思われるのですね。

◉郡司◉やはり傘を取り巻く雲でしょうね。

◆杉浦◆ええ、ちょっとそんな感じがするんですね。さらに天蓋でもあり、聖なる力を込めた山である…という。

◉郡司◉やっぱり、歌舞伎では女形(おんながた)のことを「おやま」というでしょう。あれは、遊女の最高のもので山なんですね。古い時代は遊女屋の暖簾に山形が書いてあったんです。細見なんかを見ても山が書いてある。傘の格好ですよ。それこそ、それが最高の遊女です。だからその真似を女形がするから「おやま」なんですね。だから傘をさしかけられるのは、太夫でなければさしかけられないわけですよね。

◆杉浦◆山と傘がみごとに一致している。

◉郡司◉世が落ちてくると、遊女も山なんだけれども、遡っていくと遊女は巫女(みこ)さんですからね。巫女さんというのは、神の嫁ですから、特定の旦那がいるほうが汚れていて、客はたくさんあっても亭主はいないほうがむしろ聖女なんです。

◆杉浦◆そうか。遊女がときに巫女に変身するようにして…。

◉郡司◉その役目をしているわけです。住吉神社の田植えは遊女が巫女の資格で田植えをします。みんな笠を被ってね。今はもう遊女がいないから、芸者さんたちが出てやっているんですが。それはちゃんと伝統を守っているわけですよ。

◆杉浦◆そこのところはとても筋が通っていて…。それは傘の名において、正しい姿が出現しているということですね(笑)。

◉郡司◉正しいかどうかわからないけれども(笑)、とにかく何らかの形で伝統の上の正しさというものはあるわけですよ。

◆杉浦◆傘に結びついてね。

聖なる空間表象としての傘蓋

田中淡

宝珠
竜車
水煙
九輪
擦管
受花
伏鉢
露盤

2…相輪の構成

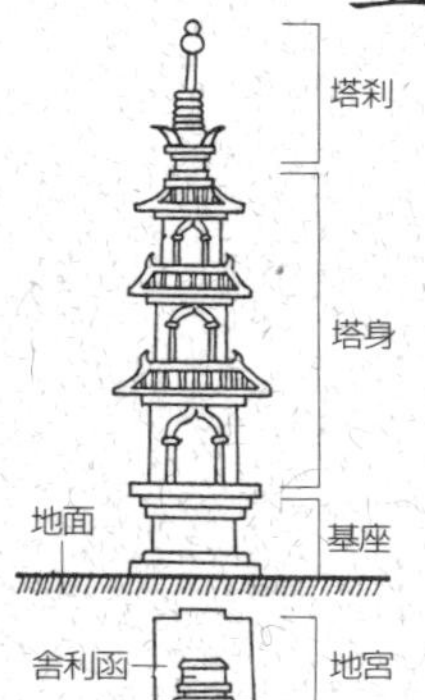

3…中国仏塔の構成
(羅哲文『中国古塔』)

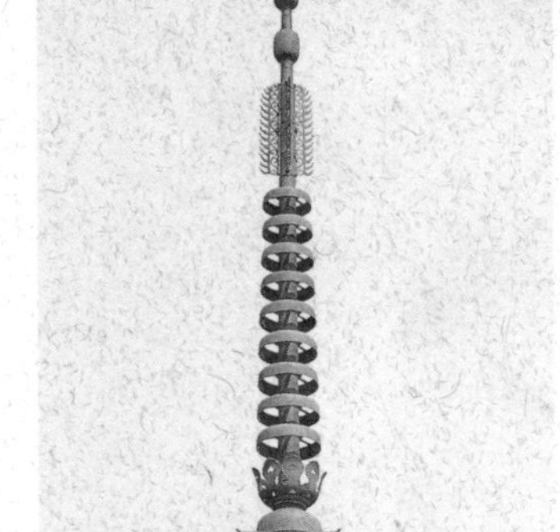

1…清水寺三重塔の相輪。
写真＝相原功

4…山西応県・
仏宮寺釈迦塔。
遼・1056年、木塔
(劉敦楨主編
『中国古代建築史』)

傘蓋

1 インドの仏塔＝ストゥーパに起源する

●傘あるいは傘蓋は、中国の建築のなかで特有の表象として現れている。仏塔の最頂部に突き立てられた相輪と呼ばれる部分は、そのもっとも顕著な形象である[図1]。日本の五重塔や三重塔などにも伝えられているから、読者にもなじみ深いかたちであろう。ちなみに、日本の塔の相輪は形式がほとんど固定化しており、方形の露盤、半球形の伏鉢、仰蓮をかたどる受花の上に、九輪、さらに水煙、竜車、宝珠を戴くのが通例である[図2]。中国の仏塔はこれに比べるとはるかにヴァリエーションが多い。いまから話題にしようとする相輪の部分も、中国の場合はまさに多種多様といっていい。

●まず、中国の仏塔の基本的な構成をみておこう。中国の場合、仏塔の形式自体が日本のようにほとんど多層の楼閣式塔に限定されるのではなく、軒を密接させた密檐式塔や、ラマ塔(チベット様式)、あるいは単層の墓塔など多彩な類型があるけれども、話がややこしくなるから、とりあえず楼閣式塔の典型的なタイプで説明することにしよう。

●塔は、日本と同様に、上から塔刹(日本でいう相輪)・塔身・基座(日本では基壇)の三つの部分からなるが、ただ基壇部分が高く装飾的なことと、地下に舎利函を納める地宮がしばしば設けられるのが異なる[図3]。最近の保存修理にともなう発掘調査では、しばしばこの地宮の存在が明らかにされ、中から数多くの宝物が発見された例が報告されている。

●塔刹は、さらに刹頂・刹身・刹座の三つの部分から構成され、中を刹杆が貫く。中国に現存する最古の木造層塔である山西省の応県木塔(仏宮寺釈迦塔、遼・1056年)[図4]を例にとると、刹座は受座部分の上に仰蓮がのり、刹身は刹杆で貫通された透かし彫りの太鼓状の宝珠および5層の環があり、その上の刹頂は円光・仰月・宝蓋・宝珠からなる。日本の塔とちがって分厚い環だが、中国ではこの部分を相輪と称し、塔刹の主要な形象となっている[図5]。日本でいう九輪に相当するが、中国の仏塔では、環は9層に限らず、1、3、5、7、9、11、13層というように、時代や類型によって、さまざまである。けれども、そのルーツは同一であり、インドの仏塔の傘蓋のかたちに起源するものである。

●インドの仏塔は、ストゥーパという仏舎利を埋葬した墳墓に由来するもので、アショーカ王の時代(前268－32年)に盛んに築かれるようになったと伝えられる。この時代の創建にかかる代表的な遺構にサーンチー大塔がある。もとは方形の基壇の上に半球型の煉瓦積みの覆鉢(アンダ)をのせ、その頂上にチャトゥラーヴァリ(chatrāvali)と呼ばれる傘蓋(盤蓋)を戴き、周囲を欄楯(ヴェディカー)で囲んだ形式であった。その後、シュンガ王朝期(前180－68年ころ)になって石板で包みこまれ、覆鉢の頂部を平坦にして周りを欄楯で囲んだ中の平頭(ハルミカー)の中心に立てた傘竿(ヤシュティ)に三つの傘蓋(チャトゥラーヴァリ)を冠し、さらに前1世紀に周囲を回廊および欄楯で囲み、四つの塔門(トーラナ)を設け、現在みられるような形式になったといわれる[図6]。ストゥーパの形態はその後も変遷をしめし、とくにガンダーラ、すな

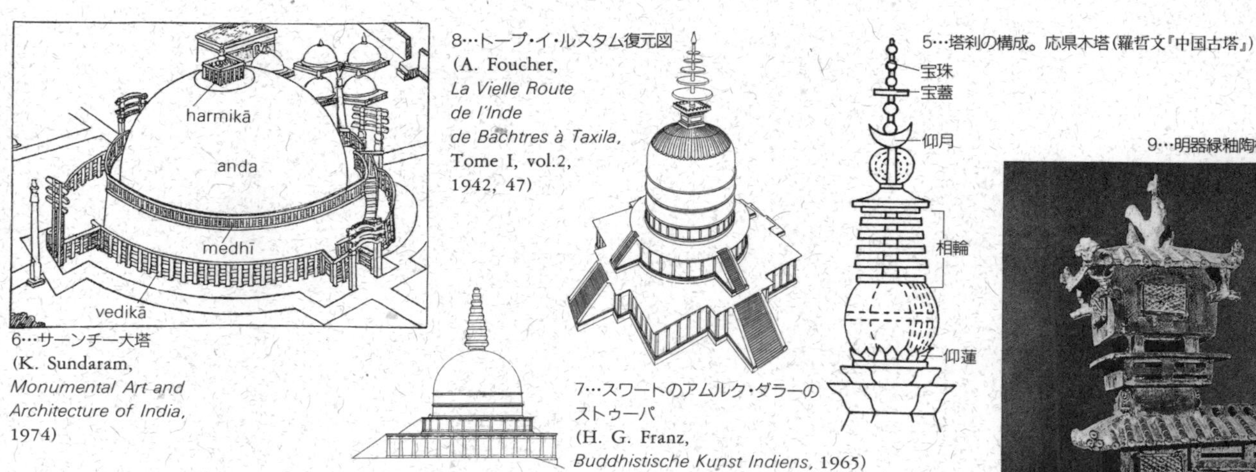

6…サーンチー大塔
(K. Sundaram, *Monumental Art and Architecture of India*, 1974)

8…トープ・イ・ルスタム復元図
(A. Foucher, *La Vielle Route de l'Inde de Bachtres à Taxila*, Tome I, vol.2, 1942, 47)

7…スワートのアムルク・ダラーのストゥーパ
(H. G. Franz, *Buddhistische Kunst Indiens*, 1965)

5…塔刹の構成。応県木塔(羅哲文『中国古塔』)

9…明器緑釉陶楼。河南霊宝、後漢

わちパキスタンのタキシラからアフガニスタンのナガラハーラ(現ジェララバード)に及ぶ地方では、塔身が覆鉢をのせた円筒状に、また傘蓋は重層の円錐形というように高層化の傾向が顕著となった[図7]。傘蓋はタキシラの奉献小塔などにみるように、多層化し、全体に大きな比重を占める形式も現れた[図8]。中国の仏塔は、ガンダーラ地方の上昇志向をしめしたストゥーパからすくなからず影響を受けたと考えられる。ただし、建築的形象のうえでは乖離がはなはだしく、直接的関係を証明することは必ずしも容易ではない。

2 相輪
中国仏教建築にみられる傘蓋

●インドから中国に仏教が伝えられたのは後漢時代のことであり、文献的に知られる最古の仏教寺院の記録は、後漢末(190年ころ)に笮融(さくゆう)が徐州に建てたものである。『呉志(ごし)』にいう、

「浮図祠(ふとし)を大々的に建てた。銅で人をつくり、黄金でその身体を塗り、錦の文様を衣(き)せた。九重の銅槃(どうばん)を垂らし、下を重楼と閣道につくり、三千人あまりを収容することができた」

と。

●『後漢書』では「浮図祠」を「浮屠寺」と記している。浮図も浮屠も、いずれも仏のもとのサンスクリット語ブッダ(Buddha)の音を漢字に写したものであるから、浮図祠とは文字通り仏寺の意である。上の引用文に、銅でつくり、金で飾った人というのは後世のいわゆる仏像のことである。槃とは盤に通じ、かなだらい、洗面器のような器のこと。したがって、「九重の銅槃を垂らし」とあるのは、すなわち刹杆に槃を裏返した形のものを9枚吊るした相輪を指していることは疑いない。重楼は重層の楼閣の意。閣道とは重層の廊のことをいう。この場合はおそらく2層の楼閣の左右に同じく2層の回廊がとりついた形式であろうと推測される。つまり、この建物は、機能的には金色の仏像を祀った、大勢の参拝者が中に入ることができる仏殿であり、外観は屋根の頂に相輪を冠した重層楼閣、ということになる。仏教伝来の当初は、のちのいわゆる仏殿と仏塔の機能がいまだ分離してなく、両者の性格を兼ねそなえた建物が仏寺だったからである。その後、時代が降るにつれて、祭祀儀礼をおこなう仏殿と仏舎利を納めた仏寺の表象としての仏塔との機能分離がおこなわれるようになった。中国の仏寺の伽藍配置は、その後も南北朝時代を経て隋・初唐時期までは、あくまで仏塔が主で、仏殿が副という比重であった。唐代の初期になって、ようやく仏殿を中心とした構成が出現するようになるが、それは精緻な仏教儀礼の体系化にともなう結果であったろうとおもわれる。

●中国における初期の仏塔は、いまみるような多層の楼閣式塔でも密檐式塔でもなく、ましてインドのストゥーパの形態を伝えるものでもなかった。現存する仏塔遺構をみると、応県木塔[図4]をはじめとして、ストゥーパの原型は、わずかに傘蓋が「相輪」として名残をとどめているにすぎない。これは、中国在来の楼閣建築の構造を採用しながら、それにインド仏塔の特徴的構成要素を聖なる建築の表象として冠した結果であることをしめすも

10…敦煌莫高窟壁画にみえる各種の塔（『梁思成文集1』）

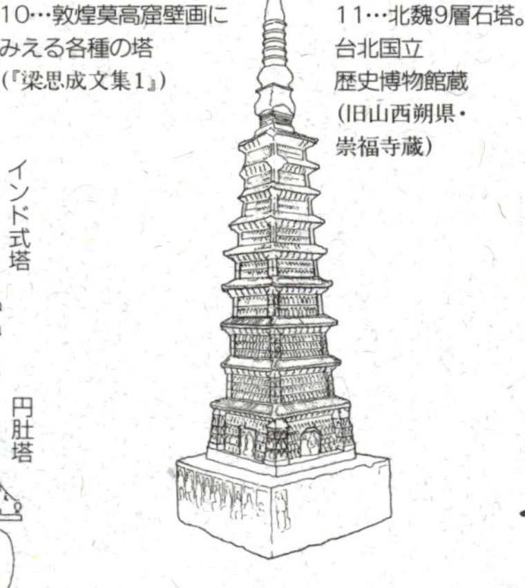

11…北魏9層石塔。台北国立歴史博物館蔵（旧山西朔県・崇福寺蔵）

12…雲岡石窟7号窟石刻の7層塔。北魏（劉敦楨『中国之塔』）

15…「洛神賦図」の軺と華蓋。晋（孫機『中国古輿服論集』）

14…木製明器の車蓋。甘粛武威磨嘴子、前漢（『文物』1972年12期）

のである。中国における高層建築の発展過程をみると、古くは夯土（搗き固めた土）で重層の土壇を築く台榭という段状ピラミッドであったが、前漢時代ころを境にして、木造の多層楼閣が流行するようになったらしく、漢代の墓から出土した数多くの明器の陶楼がそうした状況をよくしめしている［図9］。したがって、仏教が伝来した時代にはすでに純木造の楼閣建築は普遍化していたとみていいから、それがストゥーパの代用として採用される素地はじゅうぶん整っていたのである。いいかえれば、中国の仏教寺院は、仏塔の建築的形象をその面貌としたのであり、その表象となったのが相輪にほかならなかった。

●もっとも、インド仏塔起源の形式の中国への伝播はこのように一様ではなかった。南北朝時代に描かれた雲岡石窟の石刻画や敦煌莫高窟の壁画をみると、仏龕形式の単層塔身の上に大きな覆鉢状の円屋根をのせたものや、円形塔身のものなど、ストゥーパの形式がその後に伝わった形跡がみとめられる［図10］。それと同時に、北魏時代の崇福寺小塔［図11］や雲岡石窟石刻画の塔［図12］にみるように、7層や9層の楼閣式塔も伝えられたことは明らかである。ガンダーラの高層志向のストゥーパが新疆地方を経て中国に影響をあたえた可能性は否定しきれないであろう。

●中国の仏塔は、さらに時代が降ると、元代にネパールからチベット様式のラマ塔、さらにインドのボードガヤー大塔を模した屋頂に5基の小塔を冠する金剛宝座塔など、多彩な形式が断続的に異なるルートを通して伝えられた。それぞれ程度の差はあるにせよ、塔刹の相輪を聖なる建築としての塔の表象として冠していたという点では共通するといっていいだろう。

3 天蓋
仏と一体化した装飾装置

●最後に、相輪と同様にやはり仏教建築の表象的装置として現れたもうひとつのタイプの傘蓋として、仏像の頭上を覆う天蓋についてふれておこう。法隆寺金堂の本尊釈迦三尊や平等院鳳凰堂の本尊阿弥陀如来の上に懸けられた絢爛豪華な透かし彫りの天蓋に記憶のある読者もすくなくないこととおもう［図13］。この種の天蓋は、仏堂の内部でも本尊仏の坐す範囲を区切って懸けられていることからわかるように、そこが聖なる空間領域であることをしめす表象であることは疑うべくもないだろう。本来、本尊が置かれた堂内の中心部分は仏の占有空間であり、それを建築的に表現するために、支輪を用いて一段高く折り上げ、格天井や小組格天井におさめるように処理されているのである。そのうえさらにこうした装飾的なしつらえが施されるのは、おそらく聖なる空間の標識としてだけではなく、仏そのものと一体化した表現装置という意識もあったのだろうとおもわれる。じっさい法隆寺金堂でも平等院鳳凰堂でも、天蓋そのものの形式がやはり支輪折り上げ格天井という、まさに建築本体の手法をそのまま用い、それを箱型の蓋のようにして上から吊るしているからである。重層構造的とでもいうべきか、異常なまでに入念な装飾表現である。南北朝時代の石造仏で立像の頭上に同趣の傘蓋を刻んだものがみられるように、この種の天蓋もまた中国に起源を求めることができる。

●頭上に傘蓋を懸けるのは、じつは仏像に限るものではなく、古代中国では「華蓋」と呼ばれ、高貴な人物の場合ごくふつうにおこなわれていた習慣であった。華蓋はもともと仏教とは関係なく、漢代には神仙思想にもとづい

13…平等院鳳凰堂の天蓋。
写真=渡辺義雄

16…「女史箴図巻」の牀張。
晋(胡文彦『中国歴代家具』)

18…龍門賓陽洞・
維摩説法造象の牀張。北魏

17…河南密県打虎亭1号
墓画像石・
宴飲図の帳。
後漢(田中淡『中国古代画像の
割烹と飲食』)

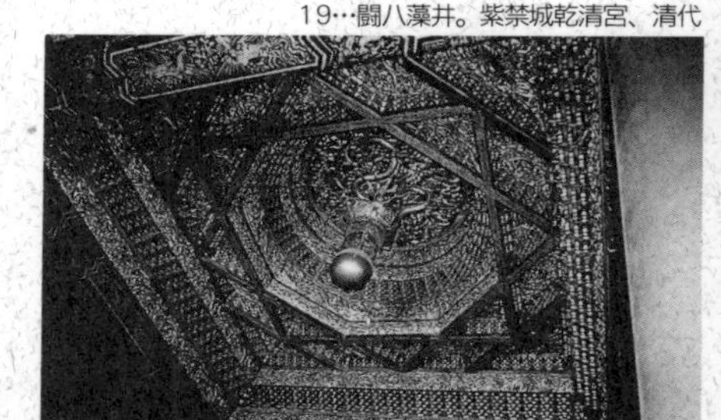

19…闘八藻井。紫禁城乾清宮、清代

て築かれた台榭の上の荘厳として立てられたことが知られる。また、漢代以降に常用されたもっとも高級な車を輅(ろ)といい、その車上には華蓋が立てられるのがつねであった。漢代の画像石や壁画には、座席にまさしく傘を立てた馬車が描かれており、また発掘調査によって墓から出土した明器の馬車に傘の骨までそのまま残っていたものもある[図14]。晋代に描かれた「洛神賦図」[図15]、あるいは敦煌莫高窟の隋代の壁画などにみられる輅の車上には、竿の上に派手な飾りをつけた二重蓋の華蓋がみられる。要するに、仏像頭上の傘蓋は、中国古来の習慣である華蓋が仏教に借用されたものにすぎない。平等院鳳凰堂天蓋の中央の円蓋は、洛陽の竜門石窟蓮華洞と同様に、そうした形態をとどめたものであろう。

●一方、最初期の華蓋につづいて、もうひとつ仏像を安置する空間標識として用いられたものとして、牀帳(しょうちょう)がある。牀というのは、椅子・卓式の習慣が伝わる以前の中国でベッドおよび座具として用いられた家具で、四隅に柱を立て、上を蓋板で覆い、三方を囲むものである。今日の中国では上の覆いのないものと区別して架子牀という。文献的には、遅くとも漢代までさかのぼり、画像でも簡単な表現は漢代のものにみられる。比較的古い具象的な画像としては、有名な晋の顧愷之(こがいし)「女史箴図(じょししんず)」と伝える絵にみられる[図16]。周囲に懸けられた、いまのカーテンにあたるものを帳といい、大きな室内に用いることもあった[図17]。この種の牀帳は、南北朝時代の石窟の浮き彫りにもしばしばみられ、この当時、仏の坐す装置として採用されたことが知られる[図18]。天蓋が箱型で垂れ飾りをともなう表現をとるのは、おそらくはこうした牀に懸けられる帳の形態の名残であろう。相撲の土俵にかつてあった4本柱が撤去されたのちもなお天井から屋根が吊るされているのと同様、といったらいささか俗にすぎるであろうか。ともかく、牀帳もまた中国古来の住習慣にもとづく装置を借りて、仏像の安置する聖なる空間の標識としたものにすぎないのである。

●この種の座具の上には、承塵(しょうじん)という、本来はゴミをよける装置も用いられた。石窟の画像で屋蓋の周囲に装飾をともなった縁取りが描かれているのもその例とおもわれる。ちなみに、承塵は、のちの時代になると、本来の意味から派生して、天花板、すなわち日本でいうと天井板のことを指すようになる。めいっぱい装飾を施した化粧天井のことを中国では藻井というが、これはいわば承塵の特別最高級の部類に属するものである[図19]。北京の紫禁城では、皇帝の玉座(ぎょくざ)の置かれる一画の柱間の上部にのみしつらえられているように、やはりそこは一種の特定的空間であることをしめす標識であったことがわかる。

●華蓋にせよ牀帳にせよ、いずれも在来の中国にあった要素をもって、仏像を安置する聖なる空間の表象としたものにほかならなかった。その意味では、中国の伝統的な楼閣形式を借用しつつ、インドのストゥーパの傘蓋を相輪として採り入れることによって聖なる空間の表象としたのと同根といっていい。外来の宗教の聖なる表象に土着在来の空間装置を用いる——中国建築のしたたかな側面を如実にしめす事例であるというほかはない。

歌舞伎/傘がひらく宇宙

服部幸雄

「末広がり」の囃子物から

●「傘をさすなる春日山、傘をさすなる春日山、これも神の誓いとて、人が傘をさすなら、我も傘をさそうよ。げにもさあり、やようがりもそうよの」。狂言の舞台で太郎冠者が傘(さし傘)をさし、この囃子物を繰り返し繰り返し気分よく浮かれて踊る。怒っていた主人も、これを見ているうちに心がなごみ、機嫌も直ってきて、つい浮きに浮いて無邪気に踊り出す。明るくめでたい、いい狂言である。

●金持ちの主人が太郎冠者に命じて、都へ末広がりを買いに行かせる。田舎者の太郎冠者は末広がりが扇のことだと知らず、悪者にだまされて傘を売りつけられて帰ってくる。主人に叱られ、悪者に教えられた囃子物を謡い踊ると、主人もつられて機嫌を直して踊るという筋である。田舎者の太郎冠者は「末広がり」が扇であることを知らなかった。同時に、傘というものにも知識がなかった。これが狂言『末広がり』が成立する前提だった。

●この狂言歌謡は、『天正狂言本』では「御笠山、人が笠をさすならば、我も笠をささうよ」となっている。奈良の春日山が神社に笠をさしかけた形に似ているところから、御笠山とも三笠山とも呼ばれたことが背後にある。笠、さし傘は神の依代と考えてきた民俗信仰の反映も見えている。

●日本への傘の伝来は、欽明天皇13(552)年に、百済の聖明王が蓋を寄進したのに始まると言われる。それ以来、布帛張りの長柄の傘は「きぬがさ」と呼ばれて、貴族や僧侶などの上流階級が用いていた。中世には紙張りの長柄傘が用いられるが、やはり公家・武士・僧侶といった特権階級だけのものだった。傘が庶民大衆のものになるのは江戸時代になって以後のことである。

下級芸能宗教民である「ぼろぼろ」たち。
傘の柄に本尊像の巻物をぶらさげている

『仮名手本忠臣蔵』大序、
鶴岡八幡宮社前の場。
足利直義が仕丁に台傘をさしかけられて
花道を帰っていく

『籠釣瓶花街酔醒』。
定紋のついた長柄の傘を
さしかけられた
傾城八ッ橋の華やかな道中

●太郎冠者がさし傘を知らなかった中世にも、傘を日常的に使っている人がいた。それは、旅する漂泊芸能民たちであった。河原などで九品念仏を唱える下級芸能宗教民である「ぼろぼろ」の集団は必ず傘の柄に本尊像の巻物を付けて持ち歩き、傘をひらき本尊を垂らして〈場〉をたちどころに道場にして宗教活動を行ったと考えられている(黒田日出男による)。同じく中世を旅した芸能民の説経師が説経節を語るとき、彼らは長柄の傘の下に立っていた。祭文語りも傘の下で語った。傘の下にこしらえられた小宇宙は〈聖なる庭〉だった。ここは神の宿る〈場〉であり、ぼろぼろも説経師も祭文語りも神そのものに変身した。この〈場〉では聖と俗とが一体化している。こういう宇宙の構造は、櫓に神を勧請して芸能を行う芝居小屋と同質である。劇場は本質的に「傘の下」にほかならない。

●近世都市の大衆文化を代表する歌舞伎の舞台には、さまざまな性格を担う傘が登場し、美しい場面を演出したり、凄惨な場面の小道具になって働いたりしている。以下に、歌舞伎の舞台に現れる傘の諸相を考えてみよう。

貴種の記号として

●先に述べたように、初期の傘は神の依代として笠と同じ性格の呪具であった。天皇、貴族、僧侶は神そのもの、もしくは神に準ずる資格の所有者として傘の下の人となった。

●こうした知識は近世の歌舞伎や風俗に直ちに反映し、長柄の傘を〈貴種〉の記号にして使用している例を見る。第一に掲げるべき場面は、独参湯（起死回生の妙薬の名）と呼ばれて人気抜群の狂言『仮名手本忠臣蔵』の大序（最初の場面）、鶴岡八幡宮社前の場において、二重の石壇の上の中央に床几にかけている、金の三位烏帽子をかぶり、狩衣を着て、笏を手に持った足利直義である。後に仕丁が立って、長柄の朱色の傘をさしかけている。荘重で儀式的な雰囲気のある序幕にあって、もっとも位の高い人物であり、この狂言全体を支配する〈世界〉（前太平記の世界）のシンボルとして君臨するのが足利直義で、彼は兄尊氏の代参として鎌倉に下向している。大序の幕切れに、参拝を終えた一行が、舞台の上手から出て、しずしずと花道を通って帰って行くが、この時も直義は仕丁に台傘をさしかけられている。いかにも尊い身分の人というイメージがただよう。

●江戸時代の顔見世狂言の中で上演される例になっている『暫』の局面があった。悪逆の権力者（ウケ）が善男善女（太刀下）を捕えて引き出し、家来たちに命じてまさに首を斬ろうとする危機一髪の時、「しばらく、しばらく」と声をかけて登場した超人的な主人公（暫）が、悪人たちを豪快にやっつけて太刀下の生命を救い、意気揚々と引き揚げるという単純な筋の一場面である。

●『暫』の趣向でウケと呼ばれる大悪人の役は王朝貴族の扮装をした公家悪であるのが約束で、役名も何々親王と皇族の名にしたり、国崩しのそれらしい武家の名にすることが多い。こんにち上演される『歌舞伎十八番の内　暫』のウケは、関白の宣下を受けて国政を掌握しようとの野望を抱く清原武衡卿という設定になっている。場所は『忠臣蔵』の大序と同じく鎌倉鶴岡八幡宮社前で、遠く宮遠見（遠近法を使って小さく描いた本殿や回廊の大道具）が飾ってある。荒事師の主人公の役名は、鎌倉権五郎景政という、いかにも強そうな武士の名になっている。この局面におけるウケの公家悪が、長柄の台傘をさしかけられている。『助六』の揚巻や『籠釣瓶』の八ッ橋ら吉原の花魁が、9尺以上もある長柄の傘をさしかけて華やかな道中を見せるのは吉原風俗の写生だが、元来神の巫女として神性を帯びた遊女の性格を示している。

『助六由縁江戸桜』。
花道の出端の場

風流・伊達・粋な「からかさ」

●柄のついた傘は笠と違って外国（中国）からの舶来品であった。唐国から渡来の笠ということから「からかさ」の命名がなされた。したがって本来的に派手であったり、都会的に洗練されたりしている。

●『助六由縁江戸桜』の助六は、蛇の目の傘を

『青砥稿花紅彩画』（白浪五人男）、
稲瀬川勢揃いの場。
傘のひらきが水平で
役者の顔がよく見えるように
工夫されている

さして出る。雨が降っていないのに傘をさすので、あれは「花街（さと）」たる吉原に降りかかる花の雨を除（よ）けるこころだという解釈もある。助六の出端（では）——花道の重要な振りに、蛇の目の傘は大切な小道具である。これは景容を大切にして工夫した伊達の傘であろう。傘の扱いと、傘を高くかざしてそれを見上げてきまる見得の美しさは他のどんな小道具にも代え難い気がする。

●『青砥稿花紅彩画（あおとぞうしはなのにしきえ）』（白浪五人男）の「稲瀬川勢揃いの場」における五人男（日本駄右衛門・弁天小僧・忠信利平・赤星十三郎・南郷力丸）はそれぞれまわし書きで「志ら浪」と大書した油びきの番傘を手にして登場する。この小道具の傘は、柄が一尺ほど普通の傘より長く、ひらきも水平に近くなるようにこしらえてある。役者たちの顔を観客によく見せるように工夫が加えてあるのである。この例も、「志ら浪」とみずから盗人であることを広告して歩いているようなもので、追手から逃げている五人男としてはまったく理屈に合わないが、風流で、伊達で、かっこいいから傘を持つのである。五人男はそれぞれ文様の違う派手な衣裳を着ている。一人ひとりが風流（ふりゅう）の飾り物のような存在にこしらえてある。山車（だし）のように動く風流なのである。彼らも傘を持つことで、姿・形が美しくなっている。実用以外の傘の効用である。

虚空を飛ぶ傘

●「清水（きよみず）の舞台から飛び降りる」ということばがある。危険を覚悟の上で、大胆で思い切った手段に出る時の決意を表す比喩表現である。これは昔、病気の治癒を念じたり、恋の成就を祈願したりする時、高いところから飛び降りる習俗があったのを、周知の名所である京都の清水寺の舞台から飛び降りるという比喩で表現したと解釈されている。実際にあの清水寺の舞台から飛び降りた日には生命は助からないのだから、比喩か幻想に違いない。

●歌舞伎の舞台では、実際に清水の舞台から飛び降りるところを見せるのが、清水寺の場（鎌倉の新清水寺にすることもある）を「花見」の場面に設定する狂言群の類型（パターン）の一つになっていた。しかし、さすがに身体ひとつで飛び降りては絵にならないし、即死まちがいなしという日常の常識が働いてしまうので、ここにひと工夫があった。傘をひらいて、これをパラシュート代わりにして飛ぶのである。傘そのものに神助という期待が籠められていたかもしれない。ほとんどの場合は地上に気絶して倒れていて、思う男に生命を助けられるという運びになっている。

●寛政5（1793）年3月、江戸中村座で上演した『遇曽我中村（さいかいそがなかむら）』は清玄桜姫の物語である。相思の許嫁清玄（きよはる）に添えないために死を決意した桜姫が、新清水の舞台から飛び降りる。昭和60年6月、香川県の旧金毘羅（こんぴら）大芝居で、この古狂言を復活した際、桜姫の澤村藤十郎はこの場面を宙のりの手法で演じて見せた。傘をさし、ふわりふわりと時間をかけて舞台へ降りてくる。背後には霞幕（かすみまく）を吊り、水気（すいき）三重の鳴物で、いかにも古風に見え、そしてとても美しかった。『桜姫東文章』や『双蝶々曲輪日記』にも傘にすがって清水の舞台から飛び降りるシーンがある。

●傘が「落下傘」という表記に合う役割を果たすという幻想、人も傘さえあれば空を飛ぶことができるのだという空想は、ロマンチック

『加賀見山再岩藤』。
扇で蝶を追いながら、
岩藤の亡霊が
花の山の上を飛んでいく

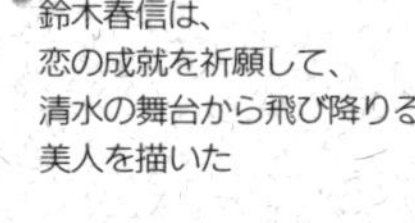

鈴木春信は、
恋の成就を祈願して、
清水の舞台から飛び降りる
美人を描いた

金毘羅歌舞伎
『遇曽我中村』の桜姫、
ふわりと宙のりの手法で
舞台に降りてくる

に江戸時代の人たちの胸をときめかせた。

●「傘をさした宙のり」という突飛な発想は、その伝統的な思いから生まれたものに相違ない。先述の桜姫の宙のり以前に、「ふわふわ」と呼ばれる有名な宙のりが行われていた。河竹黙阿弥がつくった『加賀見山再岩藤』で、殺された岩藤の亡霊が日傘をさし、扇で蝶を追う優艶なスタイルでふわりふわりと花の山の上空を飛んでいく場面がそれである。もともと『鏡山旧錦絵』の最後に、雨の奥庭に誘い出された岩藤が、お初と蛇の目の傘をカセにした立ち廻りのすえ殺される筋がある。岩藤が幽霊手をする演出が伝わっているように、この世に執念を残す人物に設定されたことが、その後日狂言を怪談狂言として作成させることにつながった。岩藤亡霊には傘をさしている姿がふさわしいと感じられたのである。

世話物の傘、傘の立ち廻り

●江戸時代の生活風俗をそのまま反映し、写実的な舞台で傘が用いられる例は数多い。いちいち取り上げることはできないので、とくに印象深く、効果的に傘が使われる狂言の一、二をあげるにとどめたい。

●黙阿弥物の特色の一つは、江戸の市井風俗の写生の中に巧みに季節感覚を描写することである。『梅雨小袖昔八丈』などは、その代表作と見なしていいと思う。上総無宿の小悪党髪結新三は俄雨の永代橋の袂で、番頭の忠七から白張りの番傘を取り上げ、忠七の恋人白子屋のお熊を自分のものにすると非情に言う。だまされたと知った忠七が立ち向かうと、開き直った新三は傘で忠七を撲り倒し、こんなことを言う。「これよく聞けよ。ふだんは得意場を廻りの髪結、いわば得意のことだから、うぬがような間抜けな奴にも、ヤレ忠七さんとか番頭さんとか上手を使って出入りをするも、一銭職と昔から下がった稼業の世渡りに、にこにこ笑った大黒の、口をつぼめた傘も、列んでさして来たからは、相合傘の五分と五分、轆轤のような首をして、お熊が待っていようと思い、雨の由縁でしっぽりと、濡れる心で帰るのを、そっちが娘に振りつけられ、弾きにされた悔しんぼに、柄のねえ所へ柄をすげて、油ッ紙へ火がつくように、べらべら御託を吐かしゃアがりゃア、こっちも男の意地ずくで、覚えはねえと白張りの、しらをきったる番傘で、筋骨抜くから覚悟しろ」。いわゆる「傘づくし」のせりふである。黙阿弥得意の七五調に悪態をこめた「厄払い」と呼んだ長せりふである。これを聞いていよいよくやしがる忠七は必死の思いで抵抗するが、新三にはかなわない。新三は番傘で忠七をさんざんに打ちすえ、下駄で顔を足蹴にして、番傘をポンと片手びらきにして肩にかつぎ、その場を立ち去る。ここで使われる傘は日常生活の小道具なのだが、役者がなにげなくポンと片手びらきに傘をひらくと、そのしぐさと間のよさが、何とも言えぬイナセ・イサミ・キップ（気風）・粋の美を創り出す。重要な局面で役者の扱う傘を印象づけることが、大名題に据えた「梅雨」のじめじめした季節感を横溢させることになる。黙阿弥の作劇の巧みなところだ。このように江戸の生世話狂言では、傘が演技している。

●時代物でも世話物でも、歌舞伎の舞台ではしばしば傘をカセにしての立ち廻りが演出される。傘の形状の特色である円形が、舞台上

名取春仙画
「仮名手本忠臣蔵、山崎街道の斧定九郎」

『梅雨小袖昔八丈』
永代橋川端の場。
忠七を打ちすえ、
永代橋を越えようとする
小悪党髪結新三

『かさね』。
与右衛門が累を殺す場で、
この傘を破るのが
約束事となっている

にユニークな位置を占める効果である。凄惨な殺し場で、殺す者と殺される者が、たくみに傘を使って次々とさまざまなポーズを極め、とどのつまり殺される者が傘をかついだ形で下に座り、背後の殺し手が刀や出刃包丁を振り上げた形できっぱりときまる見得が、最高の見せ場になる。この時に、傘は後からびりびりと破り裂かれるのが約束事である。『鐘山旧錦絵』の奥庭、『かさね』『牡丹灯籠』などが例になる。

●幕末の生世話の狂言に多く見られるところであるが、零落する運命の象徴として破れ傘を持たせる演出が類型になっていた。

●『仮名手本忠臣蔵』五段目の山崎街道に登場する不義士の斧定九郎が破れ蛇の目傘を持つのは、初代中村仲蔵以来の型である。どしゃ降りの雨の中の出来事だから写実に違いないが、ぼろぼろに破れた傘が、落魄の武士のなれの果ての印象を強調している。『桜姫東文章』では、聖僧の清玄と桜姫とが不義密通の科で追放される。雨のそぼ降る三囲の土手で、それと知らずに二人は行き違う。この時の清玄は、破れ傘を持ち、破れ衣を着て赤児を抱いている。一方の桜姫は古い衣裳、古蓑を着て、破れた大黒傘をさし、裸足でたどたどしく登場する。聖僧と公家の姫君との落魄の哀れさが強調される。

●傘は強風にあおられると、開いた骨の部分が逆さになってしまう。舞台では、下座の鳴物で「風音」を打って、風で重要な文が飛ばされることを表現せねばならない。そんな時のために、ろくろの下に栓が入っていて、それを抜けば容易に反り返るような仕掛けが施してある。傘がこのように反り返るのは、強風・烈風の時ばかりではない。亡霊が出現して、

三代目歌川豊国画
『隅田川花御所染』。
清玄尼を破れ傘とともに
描いている

強風にあおられて
傘が反り返っている。
勝川春章画

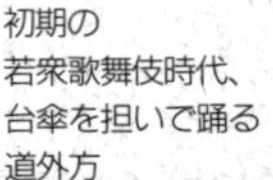

初期の
若衆歌舞伎時代、
台傘を担いで踊る
道外方

傘に亡霊が
出現した場面。
『皿屋舗化粧姿見』
豊原国周画

逃げようとする人物を連理引に引き戻す時、もしその人物が傘をさしていれば、直ちに逆に反り返ってお猪口のような形になってしまう。強力な霊力で引き寄せられる形を、傘の形状の変化で可視のものにする。

●傘そのものが一本足の化け物となる話は、一種の付喪神の形として普遍的である。これを舞踊にして歌舞伎の舞台に上げた作に、『闇梅百物語』(三代目河竹新七作・明治33年)がある。この作は五変化の舞踊で、五代目尾上菊五郎が傘の一本足の役を演じた。河童と猿との相撲に傘の一本足が行司になるという趣向だった。文政2(1819)年、大坂でも三代目嵐三五郎が傘の一本足の景事を踊った。傘のろくろのところにぬっと首の出せる仕掛けがしてある。

舞踊の採り物として

●次に、歌舞伎舞踊で採り物の一種として使われる傘について記す。

●すでに初期の若衆歌舞伎時代に、長柄の台傘を担いで踊る道外方の芸があったことが、絵画資料によって知られる。女歌舞伎の舞台に登場した道化役の「猿若」と同じ六尺姿で踊っているのを見ると、奴芸の一種とも思われる。元禄歌舞伎のころには、女方の演ずる傘踊が登場している。同じころ、花鑓を持って踊る鑓踊りが行われていたから、その変型として始まったのかもしれない。絵画で見ると、長柄の傘の一本一本の骨の先端にきれいな飾りが付けてある。これを抱えるようにもち、風車を見るようにくるくると廻しながら踊ったのだろう。この当時、「傘踊り」がしばしば劇中で演じられたが、若女方の怨霊事・軽業

事と結びついていたらしいのは、傘の民俗の力だろう。たとえば、元禄13(1700)年11月に江戸へ下った若女方早川初瀬は「あやめの前と成て笠おどり、しっとの所作かるわざ大当り」(『役者友吟味』)といい、やはり若女方藤村半太夫は、『宇治源氏弓張月』という狂言で、さみだれ姫となって「からかさおどり」を演じ、その後に井戸から出て怨霊の所作を見せたりしている。

●やや時代が下って宝暦12(1762)年3月初演、二代目瀬川菊之丞初演の『鷺娘(さぎむすめ)』は傘を持って踊る舞踊の中で、もっとも有名な曲である。白無垢の娘の姿、練絹の綿帽子をかぶり、蛇の目の傘をさした立姿は、恋慕の炎に身を焼く娘とも、また幻想的な白鷺の化身とも見える。歌詞もその辺りをわざと混乱させて書いてある。『鷺娘』の曲中、にぎやかな「踊り地」の場面の歌詞は「傘づくし」になっていて、傘が重要な採り物となって働く。「〽傘(かさ)をさすならばてん〳〵〳〵日照り傘(ひでりがさ)〽それえ〳〵さしかけて、いざさらば、花見にごんせ吉野山〽それえ〳〵匂い桜の花笠(はんなかさ)〽縁(えん)と月日の廻(めぐ)りくる〳〵〽車笠(くるまがさ)、それ〳〵〳〵そうじゃええ〳〵〽それが浮名の端(はし)となる」。初演の時は、ここで両肌(もろはだ)を脱ぎ、かわいらしい模様の振袖姿となり、鈴が付いている二本の傘をもって、

元禄のころ、女方の踊る傘踊りが登場。宮川長春画

歌川豊国画『手習子』。江戸のころは蛇の目傘をさして踊った

『鷺娘』。傘を持つ舞踊の中でもっともよくしられている

はなやかに踊ったという。

●寛政4(1792)年に四代目岩井半四郎が初演した『手習子』は、上層の美しい町娘が、蛇の目の傘をさし、手習い草紙を手にして寺子屋から帰ってくる市井の風俗を軽快な変化舞踊の一曲に仕立てた作品である。「どうでも女子(おなご)は悪性者(あくしょもの)、東育(あずまそだ)ちは蓮葉(はすは)なものじゃえ」と男を慕う恋心を踊るのだから、年の割にはおしゃまな娘だ。この曲も娘のさす蛇の目の傘が粋(いき)に見え、江戸ッ子好みのきっぱりとした気風(きっぷ)を象徴しているようである。もっとも単純な文様の蛇の目の傘が喜ばれたのは、あのくっきりとしたデザインが、それを持つ人の立場や心情の赴くところによって、さまざまに変化して見えることの妙味によっているのだと思う。現在演じられている『手習子』は、蛇の目の傘の強いイメージを嫌い、少女らしく梅や椿の花模様の日傘を持たせている。この変化は、近代人の感覚としてはごく自然の成り行きだが、江戸人が蛇の目の傘に寄せた庶民的な美意識から離れたのはいたしかたがない。

●傘が人に応じ時に応じて表情を変えたのは、蛇の目の傘に限ったことではなかった。歌舞伎の宇宙にひらくさまざまな傘は、そのことをわれわれに理解させてくれる。

写真＝吉田千秋

【図版構成】

傘の東西

撮影：田淵 暁

中国・朝鮮半島から入ってきた和傘。
そして、ヨーロッパから伝わった洋傘。
素材・技法ともに異なる二つの傘は、
「和」と「洋」、
「伝統」と「現代」
という相貌をみせながらも、
当り前のように生活のなかに溶け込み、
さまざまな傘の情景を描きだしてきた。
和傘の優美と洋傘の洗練。
あるいは精緻と技巧。
傘に込められた
東西の美学と技を
あらためて見直してみる…。

藤模様の和傘。岐阜市・藤沢商店所蔵

和傘

和傘を開くと、
油紙のはがれる音とともにほのかに油の香りが漂う。
そして広げたところに雨がパラパラと跳ねかえっていく。
竹と紙と糸の造形美が収斂された和傘には、
人の五感を刺激する要素が秘められているのだ。

梅をかたどった戦前の蛇の目傘。
白地部分を六角形の亀甲模様にしたものなど、
和傘全盛期には粋なデザインが多くみられた。
岐阜市歴史博物館所蔵

喜多川歌麿が描く
日傘をさす女

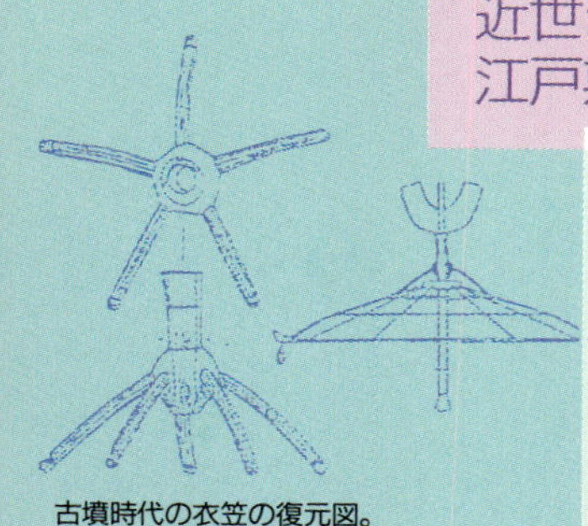

古墳時代の衣笠の復元図。
衣笠は貴人の外出時に
日除けとしてさしかけた
「さしがさ」の一種

貴人にさしかける
「蓋(きぬがさ)」。
『松崎天神縁起』より
山口県防府天満宮所蔵

近世まで「庶民は笠、傘は貴族」江戸期に花開いた傘文化

●世界有数の多雨地帯にある日本の日常生活に〈かさ〉は欠かせない。中世までの日本では〈かさ〉といえば、柄のない〈笠〉を示し、庶民は日・雨除けに蓑笠などを用いていた。柄をつけた和傘の歴史も古くにさかのぼり、発掘された埴輪や青銅鏡に刻まれた図像から、長い柄をもち、開閉できない〈きぬがさ(蓋・絹笠)〉が貴族階級の間で用いられていたことがわかっている。

●平安時代には、開閉が可能な紙張りで、傘の先端が折れ曲がっている〈爪折傘〉が日・雨除けに用いられ、貴族の外出や公家の行列には傘持ちが随行していた。

●鎌倉時代になると、黒く染めた地紙を張った〈墨傘〉が普及してくる。このころには一般にも普及のきざしがみられるが、大半は公家・武士・僧侶といった上流社会だけの特別な持ちものだった。一般庶民に普及するのは近世を待たねばならない。

●和傘は、はじめ大坂・京でつくられ、岐阜、江戸から、全国各地に広まった。元禄年間(1688〜1704年)に登場した〈蛇の目傘〉は、中央と周囲を青土佐紙で赤や紺にし、中間を白張紙にしている。傘を広げたときの、黒い円形の中の白い輪が、蛇の瞳に似ているところから名付けられた。

●〈紅葉傘〉は、周囲に糸装束があり、柄を籐巻きにした精巧なつくりで江戸で製造された。〈細傘〉は、胴を一握り程度につくって腰にさして用心に持ち歩いたもの。厚い白紙を張り、蛇の目のように飾り糸や装飾糸のない実用本位の〈大黒屋傘〉は、江戸に入って〈番傘〉と呼ばれるようになった。文政年間(1818〜30年)には、表に白紙、裏に紺紙を重ねて張った〈日和傘〉が京坂で流行した。当時、傘は今からは想像もできないほど贅沢なものとみられていた。幕府や諸藩では、たびたび日傘の使用禁止令を発しているが、あまり効果はあがらなかったという。笠で足りるところを、あえて傘の贅沢をする人々。江戸の町人文化として傘が広まったとき、町の情景はあでやかに変貌していったのだった。

歌川広重「木曽街道六拾九次之内・垂井」
岐阜市歴史博物館所蔵

傘と風流

近世になって傘はようやく広く一般に普及する。
完結された造形美をもつ一本の傘が庶民のものとなったとき、
その意匠は、かつての貴族の権威の象徴や
演劇的意味あいなど、
さまざまな伝統的要素を伝えていた。

戦前の和傘に描かれたツバメ。
描かれたと書いたが、雨傘の絵はすべて切り紙細工。
今ではこのような細工のできる人は少ないという。
岐阜市歴史博物館所蔵

七夕に少女たちが
絵日傘をさして
踊り歩く小町踊りは、
江戸初期から元禄にかけて流行。
この絵日傘は風流傘
の系譜をくむ

風流傘の流れを継承する和傘の工芸的な意匠

南北朝(14世紀)のころから、今に伝わる盆踊りなどの踊りの流れを〈風流〉と称した。歌舞伎踊りの始まりといわれる、出雲阿国の華やかな飾りをつけた念仏踊りも〈風流〉に源泉をもっている。そこで使用された、極彩色で工芸的な意匠が加えられた美麗な傘を〈風流傘〉と呼んだ。傘の美しい文様を辿っていくと〈風流傘〉にいきあたる。

近世では、貴族は朱、武家は白というように、〈爪折傘〉は色によって身分の違いを表す装具として機能した。また〈蛇の目傘〉には、渋蛇の目、黒蛇の目、奴蛇の目などの種類があった。渋蛇の目は中央と周囲に渋を塗り、そこにベンガラを加えて適度の色を出したもので、京坂では主として家の主人が用いた。黒蛇の目は中央と周囲が黒色で中間の白の部分の幅が狭く、周囲の黒の部分に白抜きに家紋を描き、婦人がこれを用いた。奴蛇の目は周囲2寸(約6.06cm)ほど漆黒の蛇の目にしたもので、おもに江戸で用いられた。

〈蛇の目傘〉の白い輪(蛇の目)の部分は、当初は輪の幅が広く、しだいに狭くなっていく。こうした変遷のなかで、幅の広いものは〈助六〉、狭いものは〈五郎(曾我の五郎)〉と呼ばれている。ともに歌舞伎の設定人物に由来する命名で、そこには華やかな舞台の残り香が仕込まれているのだ。このほかにも巴、月奴、文化柄などの文様が描かれてきた。こうした文様は日傘に用いる場合には、直接筆で描けるが、雨に打たれる場合には耐久性に乏しい。そこで、傘紙を模様に合わせて切り抜いて、色違いの紙で裏張りをして文様を浮き上がらせる〈模様継ぎ/切り継ぎ〉という、いわば切り紙細工によっている。この技法は、現在でもわずかに伝えられている。

お乳母日傘の
美しい文様も
風流傘の流れ。
日傘をさしかけて
大切に育てる
というところから
「おんば日傘」の諺
が生まれた

「神田明神
祭礼図巻」より。
山車に従う町衆・
舞姫衆・道化衆・
囃子方衆の頭上に
祭礼をシンボライズ
した傘が描かれている。
嘉永2(1849)年

模様継ぎ

月奴、巴、助六などと
命名された華やかな模様入りの和傘は、
紙を切り抜き、
裏から色紙を張ってつくられる。
模様継ぎと呼ばれる和傘独特の美しい文様は、
熟練の紙張り職人の切り紙細工から生まれた。

昭和初期から30年ころまでの模様継ぎ和傘。

右は友禅小紋のような総柄の和傘。
岐阜市歴史博物館所蔵

わたしは思ひ出す。
緑青(ろくしょう)いろの古ぼけた硝子戸棚を、
そのなかの売薬の版木と、硝石の臭と、……
しとしとと雨のふる夕かた、
濡れて帰る紺と赤との燕(つばくらめ)を。

しとしとと雨のふる夕かた、
蛇目傘(じゃのめ)を斜(はす)に畳んで、
正宗を買ひに来た年増(としま)の眼つき、……
びいどろの罎を取つて
無言(だま)つて量(はか)る……禿頭(はげあたま)の番頭。

北原白秋 思ひ出 「雨のふる日」より

骨/松葉と桔梗

和傘職人は骨1本にも腕を競い合った。1本の骨を途中から2本に分けた松葉骨、2本に分けた骨を再び1本にまとめた桔梗骨が、幕末の元治期(1864〜65年)から流行した。松葉は親骨ばかりでなく、小骨にもみられ、戦前まで骨職人が腕の冴えをみせていた。

左…松葉骨。岐阜市・藤沢商店所蔵
右…桔梗骨。岐阜市歴史博物館所蔵

かがり糸

和傘は、小骨の部分に網の目状に
かがり糸が張りめぐらされている。
小骨に開けられた穴を
縫いつないで糸をかがり、
棒かがり、一つ網、二つ網、
三つ網、桔梗網など、
産地によって異なる独特の
かがり文様が描き出された。

赤・青・黄の3色の糸を使った和傘のかがり。
通常は1色で、このように
手のこんだものは珍しい。
岐阜市歴史博物館所蔵

蛇の目七色

七色に発光する蛇の目……。
現代の蛇の目傘の特徴は、
手漉き和紙の落ちついた風合いと、
日本の伝統色のあでやかさ。
透過する光があやなす微妙な濃淡は、
かつて和傘が日除けとして
用いられていたことを
想起させる。

現在でも、手漉き和紙の蛇の目傘7色、羽二重の無地和傘14色など、伝統色の美しさを存分に生かした和傘がつくられている。
岐阜市・藤沢商店所蔵

洋傘

洋傘は、文明開化とともにやってきた。
空飛ぶ黒いコウモリに似ているからだろうか、
蝙蝠傘と命名された西洋の傘は、
またたく間に流行し、広く普及した。
当初は、和傘を雨用に、洋傘を日除けにしていたという。
思えば、いちばん贅沢な傘の
用いられ方がされて
いたのかもしれない。

男性用日傘。
昭和5～10年製造。
絹羽二重に手元は根竹。
名古屋市博物館所蔵

幕末から流行した蝙蝠傘
刀に間違えられ禁止令も

芳藤画「本朝伯来戯道具競」には、蝙蝠傘が和傘を駆逐している様子が描かれている。明治6年。文部省資料館所蔵

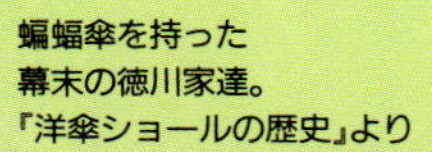

蝙蝠傘を持った幕末の徳川家達。『洋傘ショールの歴史』より

明治43年の日英博覧会に出品された日本製洋傘。和傘が中央に置かれている。古屋源太郎所蔵

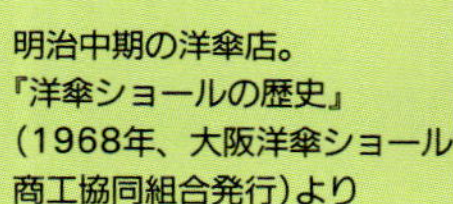

明治中期の洋傘店。『洋傘ショールの歴史』（1968年、大阪洋傘ショール商工協同組合発行）より

「傘をヲンブレラ、傘は何れも絹布にて張り、日本の如き紙張のものなし…」（『西洋衣食住』慶応3〈1867〉年）。

鎖国中の長崎にやってきたオランダ人持参の〈蘭傘〉によって他国の傘のありようは一部では知られていたが、多くの日本人が初めて洋傘を目にしたのは、嘉永7(1854)年のペリー浦賀来朝のおりだった。

『武江年表』の慶応3年のくだりには「この頃西洋の傘を用ふる人多し、和俗蝙蝠傘といふ。但し晴雨ともに用事なり。はじめは武家にて多く用ゐしが、翌年より一般に用ふる事になれり」とある。洋傘をいち早く取り入れた動きがあった一方で、福沢諭吉が『福翁自伝』のなかで紹介しているように、〈異国傘〉をさしていたため攘夷論者にねらわれてさらし首になった武士があったという。

この『武江年表』の一文から〈蝙蝠傘〉という名称がすでに幕末に流布していたことがわかる。語源については諸説あるが、形が空飛ぶ黒いコウモリに似ているという理由があげられる。また、傘に対して象徴性を含んだ贅沢品という意識をもち、さらに諧謔の精神の豊かな日本人にとって、そこには「こうむる」という意味を含ませていたとも考えられる。

明治元(1868)年に、オランダやイギリスから洋傘の輸入が開始される。だが、明治3年1月8日大阪府で「百姓町人の蝙蝠傘、合羽、またはフランケットウ着用禁止令」が発令された。禁止の理由として、明治維新で禁止された帯刀の姿に間違えることがあげられている。これは四民平等によって階級制度が撤廃され、にわかに町人が武士に見まがうような服装をしはじめたことへの訓戒でもあったのだろう。明治4年に刊行された『新旧文化の興廃競べ』には、蒸気の乗合、牛肉の切売、人力車の往返とともに、蝙蝠傘の流行もあがっている。

やがて、傘といえば蝙蝠傘というほどに本格普及した明治14年、国産品の洋傘が登場する。以降、輸入傘は激減していくなかで、和傘のほうは中国（清国）やイギリスで歓迎され、昭和まで輸出が続いていった。

パラソル

和傘から洋傘へと移りかわる推移は、
日本人の服装が文明開化以降、
急速に洋装化していく過程と
ちょうど重なっていく。
今では思いもよらないが、
パラソルがファッションを
リードしていた時期が
あったのだ。

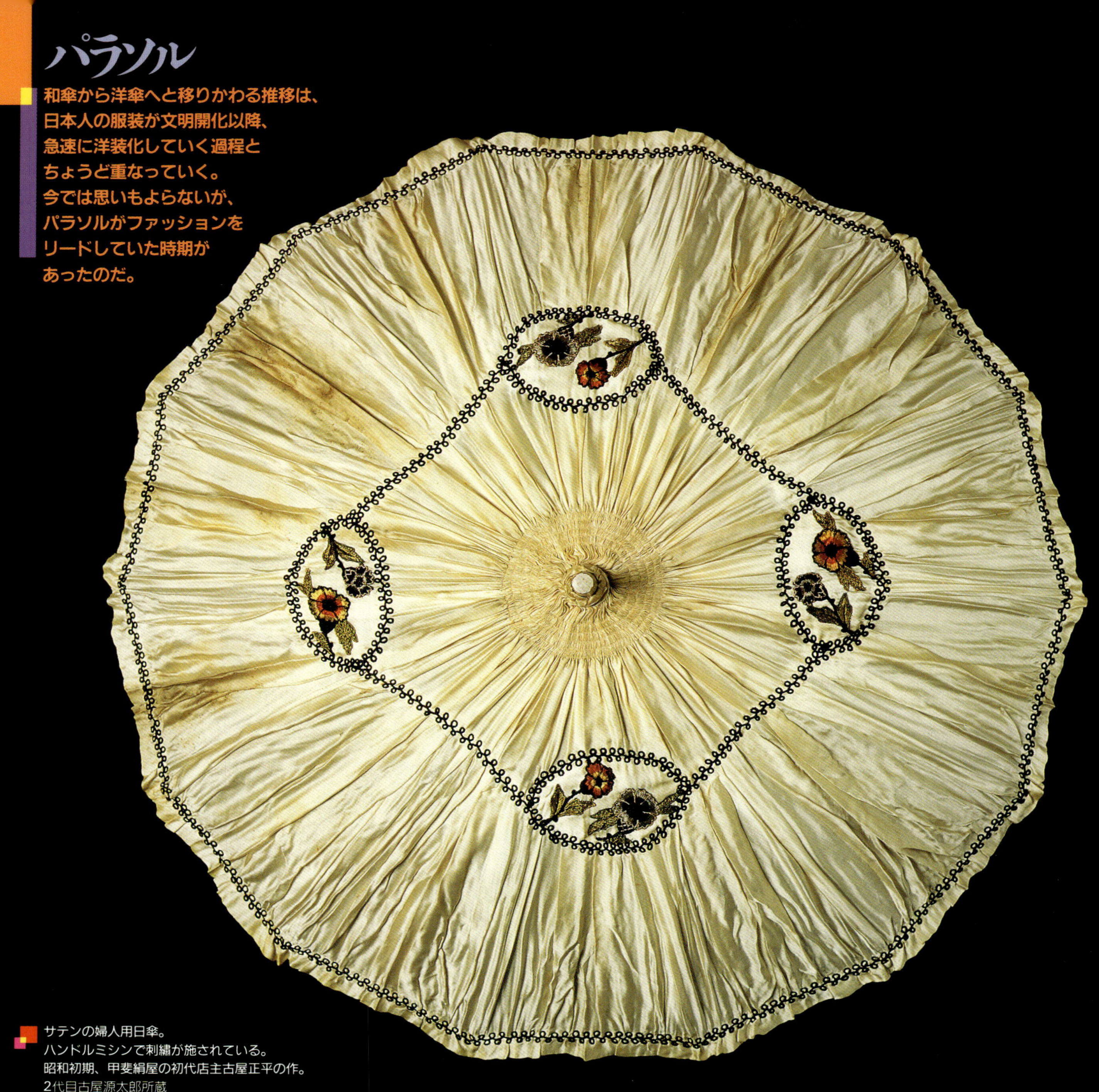

サテンの婦人用日傘。
ハンドルミシンで刺繍が施されている。
昭和初期、甲斐絹屋の初代店主古屋正平の作。
2代目古屋源太郎所蔵

婦人用日傘。大正10〜15年のもの。
西陣織紋様が傘の縁を飾っている。
名古屋市博物館所蔵

大正・昭和初期は和服にパラソル パラソルは憧れのファッションだった

明治40(1907)年、三越本店が鞄や履きものとともに洋傘の販売を開始した。明治44年の三越のカタログをみると「流行御婦人用蝙蝠傘　白琥珀変縁模様　20歳前後向き　15円内外」「紳士用洋傘　水牛柄太巻型　8円50銭〜12円」などとあり、公務員の初任給が55円の時代に、洋傘がかなり高価なものだったことがしれるだろう。

洋傘に使用される綿生地は大正初期まではほとんどが、無地の輸入品だった。大正2(1913)年の4月に高島屋が新聞半ページを使って大々的に打ち出した広告記事をみると、「日本絵趣味の花鳥、セセッション風の花模様、ルネサンス式の唐草模様、刺繍の図案は好みに応じて多種多様ですが、何れも共に調和の良いこと、粋なこと、実にこれが今年の流行の代表的洋傘なのでございます……」とあり、しだいに洋傘がファッションのアイテムとして重要な位置を占めていったことがわかる。そして大正15年には、はじめてドレスと同じ色合いの傘が登場し、この年にはレモンオレンジの明るい新作が流行している。

パラソルは明治期から、ハンドバッグよりも早く、春から夏にかけての婦人の外出の必需品になっていた。大正5年ころには黒地全盛だったが、大正10年になると、水色・藤色などの淡い色に友禅加工を施したものなどが出てくる。

昭和に入ると、直線的な柄の浅張りの傘が流行。昭和10年には、ジョーゼット裏張りを施したレース張りパラソルの全盛時代になる。これまでレースはすべて輸入品だったが、このころから国産品が完成されてくるからだ。しかし、昭和12年ころからは晴雨兼用傘の興隆によって、レース傘は急激に衰退していく。戦後はナイロン生地の台頭と折りたたみ骨の開発によって、傘は大きく姿を変えていくことになる。手づくりの工芸品にみられる質感が傘から失われていくのだ…。

和服にショール、
そして洋傘を持つことが
大正・昭和初期の最新ファッション。
古屋源太郎所蔵

三越の月刊PR誌
『三越』(昭和4年)より。
古屋源太郎所蔵

明治42年、
帽子とパラソルで飾られた
三越のショーウインドー

青い野の中を真っ赤なパラソルが一つ、
男達に前後をまもられながら、
傾き傾き遠ざかってゆくのだ。
まるで波にのせられて、
ゆるゆると運ばれてゆく、
美しい花びらのようだった……。

——中山義秀「秋風」より

パラソルのロンド

大正から昭和初期の婦人用日傘。
名古屋市博物館所蔵

パラソルには和洋混淆の足跡が刻まれている。
西欧のものをそのまま移入した明治期。
大正・昭和初期には和服との調和をはかって
友禅染、紬織、錦紗地、金糸・銀糸が多用され、
洋服が一般にも普及した昭和10年代から
ようやくジョーゼットやレース素材の
洋服向きパラソルへと変化する。
洋から和へ、再び和から洋へ。
近代化の舞台の上でパラソルは輪舞する。

骨/鯨、スチール、カーボン

19世紀のはじめまで、洋傘の骨には、
鯨の骨や籐が使われていた。
1852年、イギリスのサミュエル・フォックスが
U字形の鉄骨を発明して、
傘はようやく軽く丈夫なものになった。
現在、より軽量なカーボン、
弾力性に富んだグラスファイバーなども登場しているが、
主流はやはりU字形スチール骨。
骨の基本的な技術は
150年近く変わっていない。

手づくりの洋傘職人は骨にも凝った細工をする。
これは、親骨・受骨ともすべて共布でくるんだもの。
昭和25、6年ころの古屋源太郎作

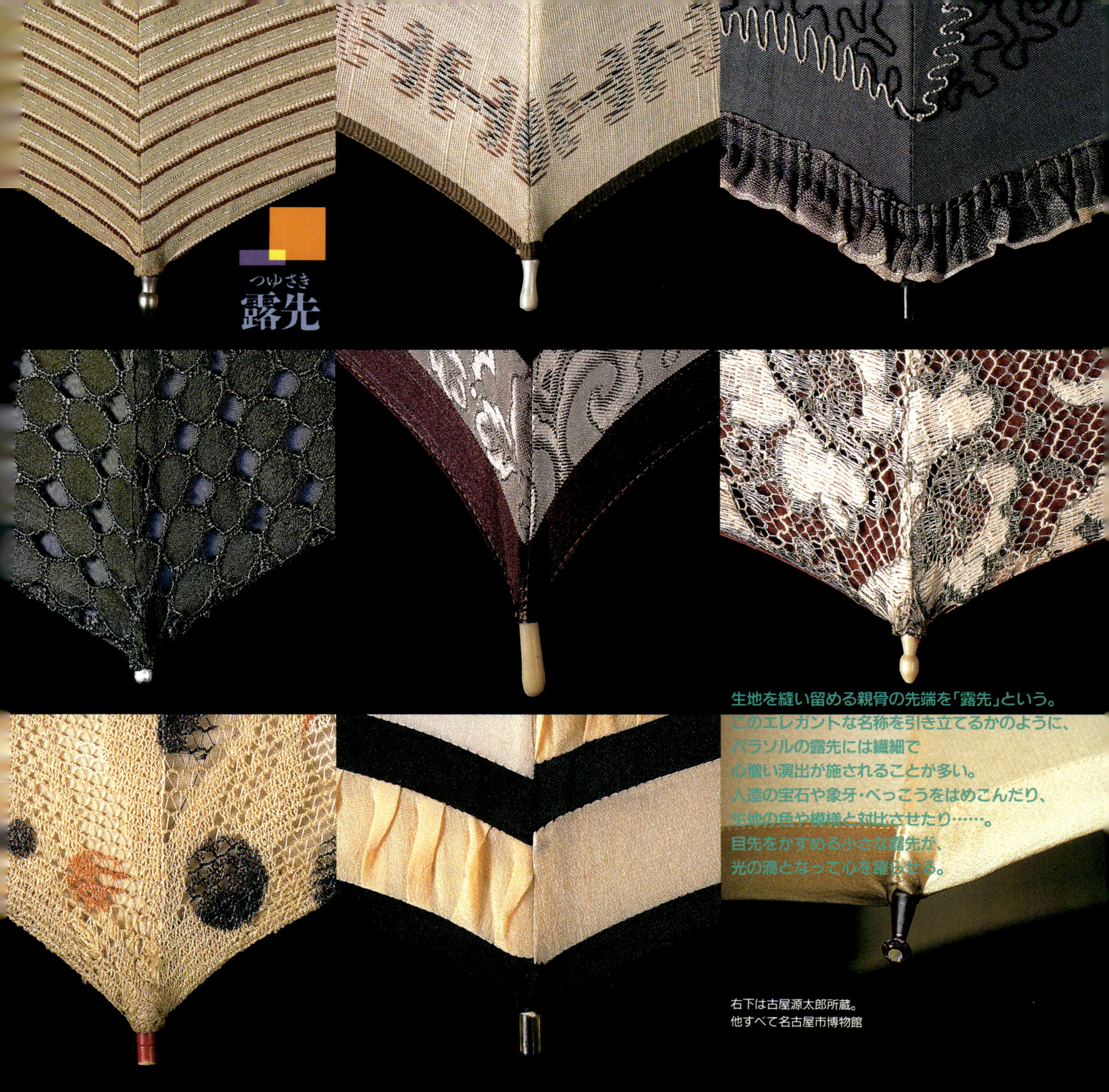

露先（つゆさき）

生地を縫い留める親骨の先端を「露先」という。
このエレガントな名称を引き立てるかのように、
パラソルの露先には繊細で
心憎い演出が施されることが多い。
人造の宝石や象牙・べっこうをはめこんだり、
生地の色や模様と対比させたり……。
目先をかすめる小さな露先が、
光の滴となって心を躍らせる。

右下は古屋源太郎所蔵。
他すべて名古屋市博物館

手元(ハンドル)

洋傘のなかで、最も趣向が凝らされる部分が「手元」である。
楓や桜などの木材、籐、竹、水牛・象牙など動物の骨、皮革、金属、ガラス、合成樹脂……。
多種多様な材質に、彫刻、象眼、螺鈿といった精巧な装飾が加えられ、洋傘の華やかな顔がつくりだされる。

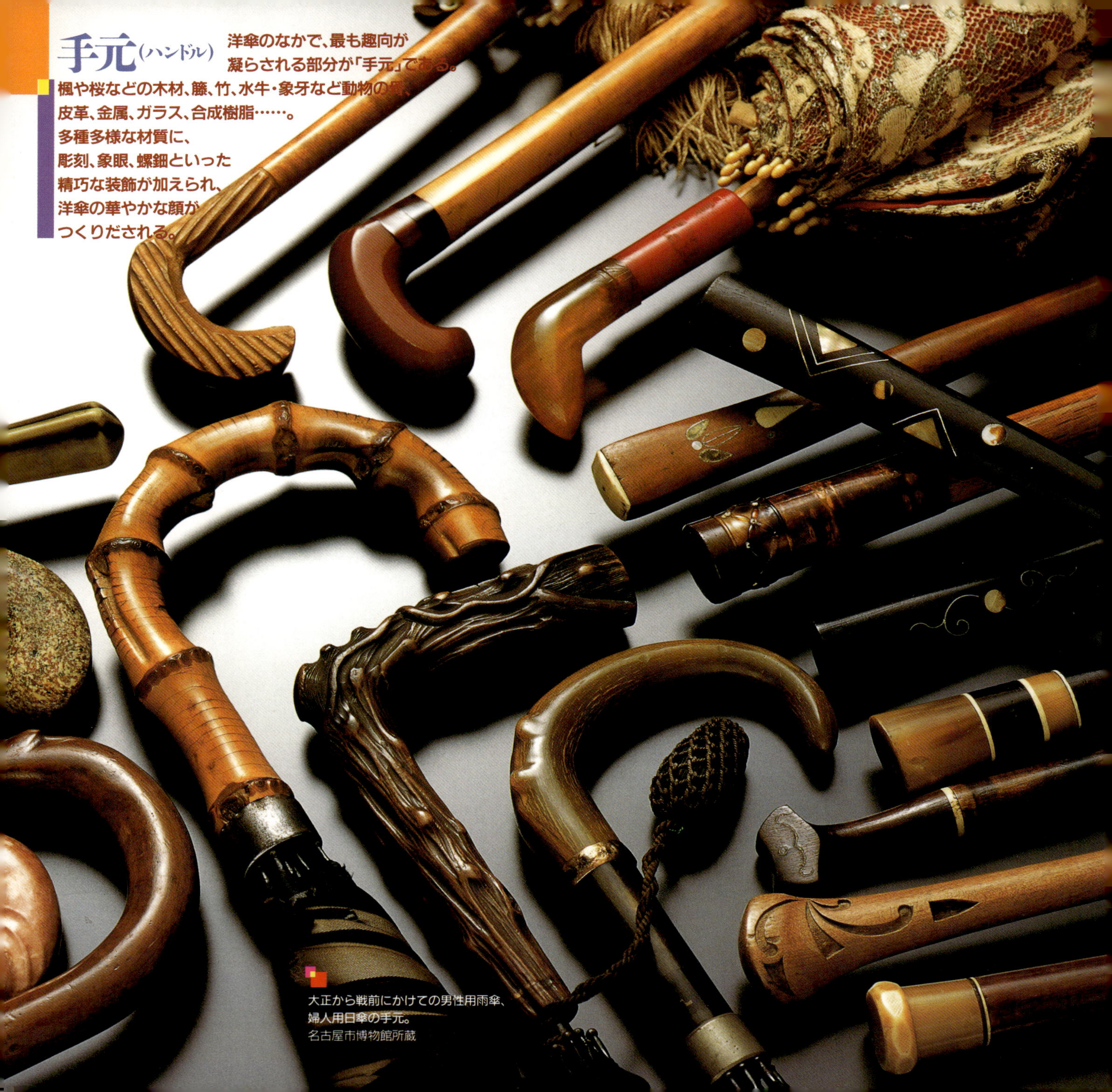

大正から戦前にかけての男性用雨傘、婦人用日傘の手元。
名古屋市博物館所蔵

パラソルが花開く

19世紀のファッションと女性たち

深井晃子

「雁」のお玉の日傘

森鷗外が書いた「雁」に登場するお玉は、貧しいが父親に大切に育てられた美しい娘だった。結婚に失敗して自殺を図ったものの果たさず、高利貸しの妾になる。そんなある日のことだった。大学生の岡田と偶然に出会い、思慕を募らせていく。だが、二人の間にはとりたてて何事も起こらず、時の自然な流れのように別れていく……。

●以上ごくかいつまんだ話の筋道なのだが、この中に、パラソルが重要な小道具として登場するのである。それは高利貸しの妻が夫の妾、お玉の存在に気づき、嫉妬に苦しんでいるときのことだった。女中と買い物に行った高利貸しの妻は、夫が横浜土産に自分に買ってきてくれた舶来の日傘と、全く同じものをさしている美しい女にばったりと出会う。面識はなかったものの高利貸しの妻はその女が、夫の妾だと直感する。「柄がひどく長くて張ってある切れが割合に小さい」「白地に細かい弁慶縞のような形が、藍で染めだしてあった」その日傘を、「これまでこっちから頼まぬのに、物なんぞ買ってきてくれたことはない」夫の自分への土産だったから、どんなにか喜んだのだ。ところがそのころ珍しかった舶来の日傘、それも自分のとまったく同じものを持っている女がいる。「おお方あの女が頼んで買ってきて貰ったとき、ついでに」自分にも買ってくれたのだろうと、その日傘を見て、高利貸しの妻は嫉妬と悔しさを倍増させるのである。

●この物語の時代は明治13年ころ、つまり1880年代初頭である。鹿鳴館時代もまだこれからという当時の日本では、舶来の柄の長い、布の部分が小さい日傘は珍しかったに違いない。

●このような日傘、フランス語や英語でいうパラソルは、有名なフランスの画家スーラの絵「グランド・ジャット島の日曜日の午後」(1884年)に見られるように、当時、西欧の女性たちが誰でも持った、持たねばならなかった、流行のそして必携のアクセサリーだった。

16世紀、メディチ家からフランスへ

どんなときも人間は強い太陽光線に対して影をつくって身を守り、あるいは冷たい雨から身を守りたいと願ってきた。家もその一つの解決法だが、扱いが簡単で、行動しているときに個人個人が持つことができる道具を考えついた。傘である。日傘・雨傘、フランス語では「パラソル parasol」「パラプリュイ para-

柄の長いパラソルは杖の役割もした

17世紀のパラソル。まだ大きめで重いものだった

日傘は当初、高位の男性にさしかけるものとして使われていた

1850〜70年ごろの
パラソル。
骨には鯨の軟骨が
使われている

小振りな
シルクの
パラソル。
1850〜70年ごろ

pluie」という。パラとは「防護」の意だから、ソルは太陽、プリュイは雨のことで、文字通り太陽の光や雨から身を守る道具だった。「パラソル」と現在ほぼ同義に使われる日陰の意味からきた「オンブレルombrelle」の語もある。オンブレルはラテン語に由来し、英語のアンブレラumbrellaと同根の言葉である。

●傘の存在は、日本やフランスばかりではもちろんない。世界のどこにも、どんな時代にもいろいろな傘の存在が認められる。昔から、傘はアジアの多くの地域では「天」を象徴するものとされ、宗教的な儀式と関わってきた。アジアやアフリカでは、位の高い人のために召使いが捧げ持つものとして傘は使われたが、その名残は今でもこれらの地域に残されている。しかし、傘がどこでいつごろ生まれたのかを特定するのは難しい。いずれにしても文明の早い時期に、南の日差しが強い国々で使われはじめたらしい。

●ヨーロッパでは、紀元前4世紀のシシリアのモザイク画に傘が残されているし、古代ローマにも女性が自分で持つ、あるいは召使いに持たせたパラソルの存在が知られていた。その後ルネサンス期のイタリアでよく使われていたパラソルは、後のフランス王アンリII世との結婚に際し(1533年)、フィレンツェのカトリーヌ・ド・メディチ(1519〜89年)が花嫁道具の一つとして、そのころは文化的にイタリアの後塵を拝していたフランスへ持ち込んだ。だが、当時のフランスにはまだ傘にあてる言葉はなかったが1585年、モンテーニュの『随想』にオンブレルの語がみられる。こうして傘は16世紀からフランスに登場するが、それが雨傘だったのか日傘だったのか、あるいは区別されて使われたかどうかははっきりしていない。1765年になって、ディドローの『百科全書』にオンブレルとパラソルの語が認められる。しかし、18世紀、身分の高い人は外出するのに輿、馬車など乗りものに乗るのが普通だったから、傘は必要とされなかったし、着るものさえ十分ではなかった一般の人にとっては実用的な傘を持つ余裕などなかった、というのが実状だった。フランス革命のときには傘が愛国者の印になったこともあった。革命後に現れた洒落者たち、アンクロワイヤーブルやメルベイユーズは傘をファッショナブルな小道具として使った。ファッションとしての意味をもつようになったこの後の19世紀、傘はその装飾、形、用途、柄の造形などに多様な変化を生んでいく。

19世紀、パラソルは
女性必携のアクセサリーとなった。
1875年のファッション画

パラソルは必携のアクセサリー

19世紀になると市民階級の人たちが雨傘を使うことが流行しはじめ、生産は急速に増えていく。発明、新案特許が相次ぎ、19世紀前半だけで100種以上の特許がとられているが、それは自動的に開く傘とか、ステッキ傘、眼鏡付き傘、折畳み傘などなどだった。

●なかでも1808年、現在のように傘を畳んで巻いた状態でしまっておくという発明は今でも使われている。1852年には骨と柄の素材が鯨の軟骨と木から、細い鉄製になり、それまでのものに比べて大幅に軽量化された。

●革命によって市民階級が登場し、産業革命の恩恵を享受しはじめた19世紀の人々の衣生活は、前の時代に比べて格段に発展した。流行を人々が追う状況は現在と根本的には変わらなくなり、女性の服が、ジゴ袖（羊脚袖）と呼ばれる大きく膨らんだ袖がついた1830年代、釣り鐘型のスカートが次第に広がり巨大なクリノリンとなってカリカチュアの好餌になった1860年代、さらに19世紀後期はおしりの部分がとびだしたバスル・シルエットに変化した。この19世紀全般にわたり、パラソルは女性必携のアクセサリーとなったのだった。

●形は、実用になるのかと首をかしげるような小さなものが現れるなど、小振りのものが多く、覆い部分は紋織り、プリント、チェック、タフタなどそれこそさまざまなタイプの絹地や、19世紀になって機械生産されるようになったレースが使われ、そこにボンボンや房の縁飾り、フリル、リボンが付き、多くは裏付きだった。柄は精巧な彫り物を施した象牙や高価な木でつくられ、二つに折れ曲がるマルキーズと呼ばれるタイプが多く見られた（このシステムは18世紀に発明されていた）。開いたときの形は、深いドーム型になるものも、日本の日傘のように骨が真っすぐなものなどもあった。19世紀の末には実用という観念も広がりはじめ、女性用の晴雨兼用（アン・カ）もつくられた。

●しかし、いずれにしてもこの時代につくられたさまざまなパラソルの種類についてここで説明するのは無駄だろう。なぜなら、それらはあまりにも短い間に服の色や素材の変化とともにくるくると変わり、主体的な変化の理由があるようには思えないのだ。

二つに折れ曲がるマルキーズと呼ばれるパラソル

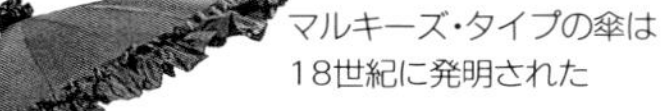

マルキーズ・タイプの傘は18世紀に発明された

1880年代のバッスル・スタイルとパラソル。
写真提供＝京都服飾文化研究財団。
撮影＝広川泰士

モネ「パラソルをさす女性」1886年

パラソルが花開く

戸外＝解放の象徴として

日本では「傘をさす」と言う。暑い日差しをさえぎるために今でも少なからず使われている。しかし、パラソルは、欧米では果たして同じように日差しをさえぎるためだけのものだったのだろうか。

●使い方を観察するためにパラソルが描かれた19世紀のいくつかの絵画を例に取り上げてみよう。光を求めて戸外へと出て行ったのは印象派の画家たちだった。同じころ女性たちも戸外へ、そして海や避暑地へと出かけるようになっていた。モネは楽しそうに庭で遊ぶ女たちを描いた「庭園の女たち」を1866年ころ、また題名もそのままに「パラソルをさす女性」を1875年ころと1886年ころに描いている。これらの絵の中で女性は、太陽の光線にほとんど直角にパラソルを向けている。光の画家らしく光と影による色彩の変化を画面の上に描き分けるという画家の意図があったとしても、モネの女性たちは光をさえぎるという本来的な意味でパラソルを使っている。

●パラソルが女性必携のファッショナブルな品だったことを示すのは、1871年のジェームズ・ティソの「汽車を待つ」という絵だろう。彼は当時のファッショナブルな女性の風俗描写に優れた画家だった。19世紀の発明である鉄道での旅は、当時の人々に広く受け入れられ、絵のテーマとしてもたびたび取り上げられた。プラットホームで「汽車を待つ」ファッショナブルな女性は旅行のための大きな鞄をまわりに置いて、腕にショールと花束、そして傘を大事そうに抱え込んでいる。

●話が少し横道にそれるのをお許しいただいて、同じこの画家の1878年の「日傘を持つ婦人」を見ると、モデルの女性がさしているのは日本の日傘である。この日本の日傘が当時のヨーロッパで一般に流行したというわけではないのだが、19世紀後期のこのころ、欧米で流行っていたジャポニスムの影響を示すものとして興味深い。ティソは日本的なものをしばしばその絵に取り込んでいたから、この日本の日傘もジャポニスム的な絵のモチーフの一つとして見るのが妥当だろう。しかし、1880年代にはパリで日本の日傘は売られていた（バルザック『Au Bonheur des Danes』1883年）。この後20世紀になってから、日本の日傘は欧米で流行するのである。日本の日傘はかなりの数が欧米に輸出されたことを、頭の隅に置いておきたい。

ティソ「汽車を待つ」1871〜73年ころ

ティソ「日傘を持つ婦人」
1878年ころ

スーラ「グランド・ジャット島の日曜日の午後」
1886年

ピカソ「青衣の婦人」
1901年

●19世紀後半のこのころ、どれほどパラソルが持たれていたのだろうか。そのことをおおまかに知るためにスーラの代表作の一つ「グランド・ジャット島の日曜日の午後」を見てみよう。絵は1884〜85年に描かれた。スーラ自身がこの絵について話しているように、この絵は当時のありふれた庶民の生活の一部を切り取っている。また、服飾流行という視点からもバスルというそのころ流行のシルエットがよく観察されているから、一般の風俗として当時の流行をかなり正確に伝えているとみていいだろう。

ある日曜日、「夏空のもと、暑い昼下がり、陽光を受けてセーヌが流れ、対岸には町のこぎれいな家々があり、小さい蒸気船、ヨット、小舟などが河を行き来している」、パリ近郊のグランド・ジャット島は、そのころ散歩のメッカになっていた。樹木の下では、多くの人々が散歩したり、青っぽい草の上に座ったり、あるいはけだるそうに寝そべったりしている。何人かは釣りをしている。画面の女性に目を向けてみよう。そこに描かれている、女の子を除く女性たちのほとんど全員がパラソルを持っている。パラソルはさされているものもあり、畳んで脇に置かれているものもある。が、ほとんど女性はパラソルを携えているのだ(じつはこの事実を私は今回初めて発見した)。そして、少女も年長らしき子はパラソルをさしている。

●ここにいる人たちが、それほど上流の階級の人々ではないことは、比較的簡素な女性たちの服でも知れるが、描かれているパラソルも、私が知っているおびただしい装飾で飾られた高級品に比べればごく簡素なものだ。それでも誰もが持っていた。パラソルは、帽子とともに19世紀女性の必携のアクセサリーだったのである。

●たとえばパリのように、19世紀になると急速に都市は整備され、都市は人々に出歩きたいという欲望を起こさせた。美しくなった町へ、公園へ、そして近郊の集いの場へと人々は出かけた。さらには、鉄道によって急速に発展した遠くの避暑地や避寒地へも多くの人々が出かけるようになった。18世紀末、戸外の楽しみを貴婦人たちは知っていたし、戸外用の服装を着分け、ときにはパラソルを、まだ珍しかったアクセサリーとして持ってもいた。しかし大多数の女性たちは、19世紀になって戸外のための服装を着分けするようになったとき、もともと戸外のための道具であり、貴婦人たちの珍しい品であったパラソルを、ファッションの一部として取り入れたのである。1853年のオスマン計画で広がったパリの大通りが、昔のような薄暗い小路ではなく、明るく日が射したこともパラソルの流行に一役かった。

●冒頭で引用した「雁」で、お玉は横浜からパラソルを買ってきてもらった。それも柄が長く布の部分が小さかった当時の最新流行の品だった。日本女性が洋服を着るのはそれからずっと後のことになるのに、着物を着て日本髪で洋傘であるパラソルをさしていた。一般にこうもり傘とも呼ばれた洋傘は、幕末の横浜外人居留地で使われ、明治4年には相当数輸入されていた（輸入額41万円余、『明治文化史』巻12による）から、日本でも当時既に知られていた。そして、パラソルはお玉のような外国など知らない日本の、むしろ貧しい市井の一女性の心をとらえるほど、同時代の女性にとって魅力あるものであった。日に焼けないという実用的な意味以上に、新しさ、外へ出る＝解放のイメージをもつもの、それがパラソルだったのではないだろうか。

パラソルが消えていく

19世紀末から20世紀はじめ、ベル・エポックと呼ばれた時代、雲か霞かと見まごうようなファッションが流行した。そのとき、パラソルはそれまで以上にレース、フリル、房飾りなどあらゆる装飾をつけた極めてデコラティブなものになっていく。レドファン、ランバン、ドレコルなど、当時のパリで人気のオートクチュールのメゾンやルイ・ヴィトンなどもパラソルをつくった。

●第一次世界大戦中、男性的で活動的なスーツが流行したとき、パラソルは廃れた。しかし、戦後、ふたたびパラソルは流行する。柄は太く短くなり、ドレスと、あるいはハンドバッグや靴とおそろいのいわゆる"アンサンブル"のパラソルが流行した。「ア・ラ・ジャポネーズ」というパラソルは、日本から輸入されるものばかりではなくフランス製のものも含めて、伝統的には8本だった骨が、12本から18本もあるというもので、紙や花柄木綿が張られて人気を博していた。

●しかし1920年代以降、女性の社会的役割と生活は大きく変わっていく。女性が社会的な仕事をするようになり、スポーツをし、自動車に乗るといった状況で、女性服は現代のようにスカート丈が膝丈になり、着装もずっと簡単になる。そして活動的な女性は、それまで絶対的タブーとされていた長い髪を切り、白い肌をこんがりと太陽で焼く。日焼けが、逆に流行となっていったのである。

●日焼けはこのとき以来、現在もなお脅迫観念のように欧米に根強く広がり、1930年代、フランスでは、女性必携のアクセサリーとしてのパラソルの意味は急速に薄れてしまった。そして流行としてのパラソルは急速に廃れていったのである。

「VOGUE」のファッション画。
中央に和傘が見えている。1924年

ステッキ・傘・ダンディズム
山田勝

イランのペルセポリスの遺跡。
傘をさしかけられた
貴人と思われる
レリーフが残されている。
撮影＝中村慎太郎

●イギリス紳士と言えば、フロック・コート、トップ・ハット、ステッキ姿を連想する。それに忘れてはならないのがアンブレラ。しかもわれわれのように実用性のみを重んじるのではなく、完全なアクセサリーとしてみごとに折りたたまれた傘。イギリス人は多少の雨では、滅多に傘を広げることはない。これは彼らの「気取り」なのかと錯覚したこともあったが、実情はそうではない。傘を一度使ってしまうと、クリーニング店に出して、綺麗に仕上げてもらわなければならないという手間と費用がかかるからなのだ。衣装類をクリーニングに出すのはわかるが、傘までとはじつに恐れ入る次第である。しかし、イギリス紳士たるもの、傘にまでこれほどこだわっているのだ。

●傘の原型の歴史は古代ギリシャ、ローマ、それに中国にも由来するが、われわれが連想する傘の歴史はそれほど古いものではない。少なくとも中世ヨーロッパでは、法王権のシンボルとして存在していただけで、一般に使用されることはなかった(雨の時はフードのようなものを使用していた)。傘の登場は、ルネサンスの発祥地イタリアであるが、なにしろ3、4人も入る大きく重いもので、それほど実用性のあるものとは言えなかった。

●イギリスに関して言えば、その歴史は浅く、18世紀中期、旅行家のジョナス・ハンウェイなる人物によって紹介されたにすぎない。日本では江戸時代初期(17世紀初期)にはすでに流行しているから、イギリスはまだバーバリックであったわけだ。ところが、ヨーロッパでも特に雨の多いイギリスでは、生活に欠かせないものとなり、大流行するようになった。これがイギリス人と傘の関わりの起源と言って差し支えない。

ブルジョワの台頭と傘の流行

●傘の第１期流行の時期と産業革命の時期が符合しているのは興味深いことである。簡単に言えば、ブルジョワの台頭と傘の流行が並行しているのだ。ブルジョワたちが傘を流行させたことになる。

●ブルジョワの台頭、それに続くフランス革命と民主主義の芽生え。このような時代の流れは、イギリス貴族にも大きな脅威を与えることになった。フランス革命以前のイギリス貴族と言えば、一日中酒を飲んでいるか、ギャンブルに興じている者が多かった。広大な土地から生まれる莫大な地代収入をもつ彼らにしてみれば、それも普

12世紀のベネチアでは、非常に位の高い人を迎えるために、傘が用いられていた。それは天蓋としての役割を担い、凝った装飾がほどこされていた

ジョナス・ハンウェイ。18世紀中期、ポルトガルよりもち帰った傘をさし、はじめてロンドンの街を歩いたと伝えられる

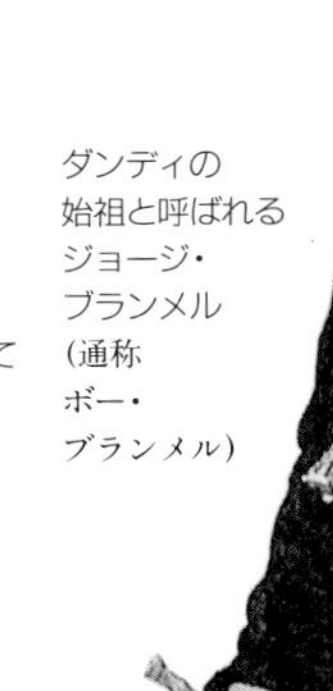

ダンディの始祖と呼ばれるジョージ・ブランメル（通称ボー・ブランメル）

通の生活だったのだろう。ところが、フランス革命による貴族制の崩壊が、先にも触れたとおり、イギリス貴族たちにも危機感を与えることになった。

●このままではいけない、という危機意識が、彼らの生活態度を大きく転換させることになった。それまでの粗野な生活が決定的に改められ、洗練された生活様式、すなわちエレガンスの生活様式が追求されるようになった。傲慢で野蛮な態度では身に危険が迫ると感じながら、新しく登場したブルジョワなる珍奇な新階級には、絶対真似のできない「美学」によって、彼らから崇拝される貴族趣味を確立しようと努力しはじめたことになる。

貴族の危機感が生んだダンディズム

●ボー・ブランメルらを筆頭とするダンディたちが、ロンドンはバッキンガム宮殿の周辺、つまり、セント・ジェイムズ街、ピカデリー通り、ボンド街、ハイド・パークといったファッショナブルな地域に出現し、ダンディズムの嵐が巻き起こったのも、そうした結果の一つである。

●洗練されたお洒落によって、ブルジョワを威圧するという行為自体、現在の価値観からすれば不思議と思われるかもしれない。ところがそのころの価値基準は、まったく現在とは違っていた。

●ブルジョワたちは金を握ったといっても、貴族階級への憧憬はすさまじいものであった。彼らの事業への意欲、激しい労働、それに伴う莫大な利益は、終局的には貴族たちの生活様式を真似るためのものであった。

●貴族たちの領地に建つ巨大な田園邸宅は、「マナーハウス」と呼ばれる。19世紀半ばにブルジョワたちによって建てられた巨大なマナーハウスが1000軒以上にも及ぶことから判断しても、彼らがいかに貴族の生活様式に憧れていたか、よくわかるだろう。さらに言えば、第一次大戦後、当時の首相ロイド・ジョージが選挙資金を得るために、「男爵（バロン）」の称号を5万ポンドで売り出したが、これが飛ぶように売れたという記録がある。要するにイギリス人は、階級制が好きであり、階級の頂点に登ることに人生の最終目標があったわけだ。

1820年頃の
貴族のファッション。
シルクハットと
ステッキは
欠かせないものだった

●このような社会心理からすれば、空虚にも映る貴族たちの"華麗なるお洒落競争"も崇高な行為として受け取られていた。ダンディズムはイギリス都市貴族たちによって創出されたが、その後100年以上も続いたのは、基本的には一般人の上流志向にあったことは見逃すわけにはいかないだろう。

●ダンディたちは、身につけるもののみならず、食べものや飲みもの、それに持ちものや室内装飾にまで、入念に趣味の良さを披露した。ファッション・デザイナーやファッション・モデルのいない時代では、彼らは名実ともにファッション・リーダーとなっていたのである。

剣に代わるステッキ

●ダンディたちが「傘」をどのように見ていたのかが、興味深い点であろう。結論から先に申せば、傘はダンディズム初期時代においては"ダサイ"ものとして、排除されていた。これには理由がある。

●傘とは便利なものであるが、傘を持つという行為は、馬車を所有していない証明となる。馬車と名馬はダンディたちの必需品なのだ。さらに言うならば、"服が多少濡れること"を気にするのは、いかにもダンディらしくない。服の一着くらいどうだっていいじゃない、という顕示が彼らにはどうしても必要だった。そのようなわけであるから、天気のいい日は、先に述べたファッショナブルな地域を散歩したり、馬に乗って移動したりしていたが、雨の時は馬車というのが普通であった。

●ダンディたちは傘よりも、軽快なステッキを愛用していたのである。ステッキとは何を意味するのだろうか。

●ヨーロッパ貴族の祖先は中世時代の騎士である。中世の騎士は当然、剣を帯びていたが、その当時の剣は身幅も広く、重厚なもので、エレガンスとは無縁のものであった。ルネサンス時代以降、騎士(貴族・地主階級)の剣は、細身で粋な"ラピア"に代わった。『三銃士』などに見られる剣(ラピア)である。だが近代社会においては、絶えず剣を帯びるというのは、いささか危険であった。すぐに決闘が始まるからである。

●決闘――これは上流階級だけに許されたものだが――もブルジョワの台頭の時期から、極めて儀式的なものとなった。決闘者(プリンシパル)同士の名刺の交換、介添人(セコンド)の選定、時間と場所を決定してから、決闘者は従者と介添人を従え、最高のお洒落をして、決闘場(フィールド)に向かう。決闘

傘をステッキのように持ち歩く新興紳士。
なかには、巻かないで持つものもいた

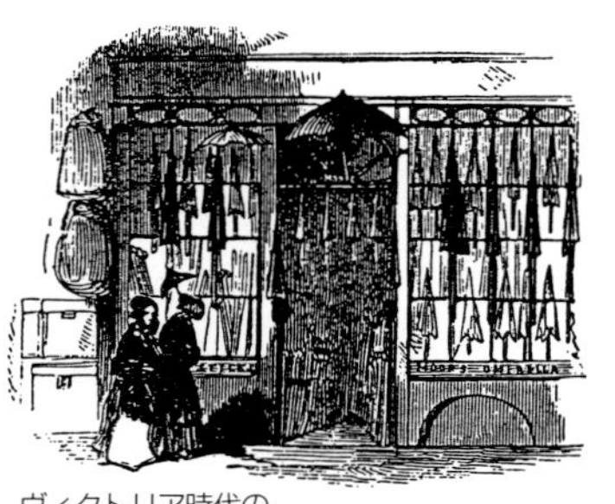

ヴィクトリア時代の
傘屋の店頭

修理職人の
仕事場

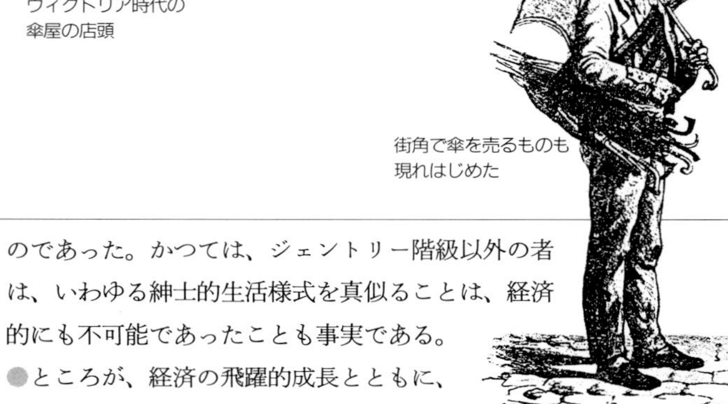

街角で傘を売るものも
現れはじめた

場に入ってから、礼を正して、介添人の合図のもとにピストルを発射するのである。

●決闘は早朝に行われることが多かったが、大勢の民衆が貴族たちの生活様式の一部である決闘に憧れを抱きながら見物に出かけたものである。

●傘はブルジョワ的なものであり、細身のステッキは、剣に代わるダンディたちのアクセサリーとなっていた。それは近代騎士の象徴とも考えられる。

傘を受け入れた新興紳士

●イギリスからダンディズムの灯が消えたのは、ヴィクトリア時代(1837～1901年)に入ってからである。啓蒙主義と合理主義を基盤とするブルジョワ思想が、貴族趣味に勝利した時代でもあった。産業革命も軌道に乗り、企業の著しい飛躍とともに、そこで働くサラリーマン(英語では"オフィス・クラーク")たちの生活も大きな転換期を迎えることになる。

●そもそも"gentleman"とは土地所有者階級(gentry)を意味するものであった。かつては、ジェントリー階級以外の者は、いわゆる紳士的生活様式を真似ることは、経済的にも不可能であったことも事実である。

●ところが、経済の飛躍的成長とともに、高収入を得るようになったサラリーマンたちは、潜在的上流志向のために、紳士的生活を選ぶようになった。19世紀中期以降、紳士の定義が難しくなったのもこのためである。

●新興紳士ないしはスノブとも呼ばれる人々が、やたらに紳士気取(スノビズム)りをするようになった。ブランメル時代に確立されたダンディたちの服装を、ブルジョワ道徳に基づいた地味なフロック・コートに変え、トップ・ハットとステッキで街を歩くのが、彼らの愉悦でもあった。しかし合理主義精神のもとに"成長"した新興紳士たちのことだ。かつてのダンディたちのように傘を排除することはない。いかにもステッキらしく、細身に巻いた傘を持つことも忘れなかった。

紳士性のシンボルとなった傘

●われわれが一般にイギリス紳士から連想するスタイルは、ヴィク

1830年創業のステッキと傘の老舗「ジェームズ・スミス・アンド・サンズ」。
今もイギリス紳士垂涎の傘をつくり続けている

天蓋付きのベッド。貴族の邸宅には来客用として必ず
このようなベッドのある寝室がつくられていた

トリア時代に築かれた新興紳士たちのものである。明治時代に大勢の"ヴィクトリアン・ジェントルマン"が日本に来ることになったが、彼らの落ち着いた服装とマナーが日本人に紳士のイメージを植えつけたからである。19世紀中後期の新興紳士は、伝統ある貴族たちの目からすれば、なるほど"成り上がり者"にすぎなかったかもしれない。しかし、歴史の変遷は物事を定着させるものである。

●物真似と言われようと、時とともに徐々に本物になってくる。外面的なものだけではなく、紳士に必要とされるウィット、ユーモア、教養、マナーといったものまでも身につけるようになった彼らは、時間の経過とともに、本物になっていったとしても不思議なことではない。

●ロードやサーの称号は、イギリス王家が与えるものであるが、「紳士の称号」なるものは存在しない。紳士としての教養と風格を示せば紳士なのである。イギリス人はヴィクトリア時代を経て、今世紀に入ってからも紳士であることを望み、その努力をした。そして"紳士道"を決定づけることになった。

●イギリスの19世紀末作家オスカー・ワイルドは言う。「人を外面で判断しない者は、軽薄な輩（やから）だ」と。ワイルド独特の逆説的警句だが、これは人生に対する重大な示唆となっている。人間の内面重視はもっともなことだが、外面が内面にまで影響を及ぼすことを忘れてはならないだろう。落ち着いた服装と物腰、趣味のいい身のまわり品は、その人の内面をも変える。人間がある地位や役職につくと、いつの間にかそれらしくなるのと類似している。19世紀初期のダンディたちによって築かれたエレガンスのライフスタイルが、イギリス中流階級たちによって受け継がれ、今日に至っている。いわば、外面がイギリス人の内面にまで影響を与えたことになる。

●そのようなプロセスの中で、剣、ステッキ、傘という系譜を経て、傘が紳士に欠かせないアクセサリーとなったことは理解できよう。イギリス人にとって、傘は「雨よけのためにある」というほど単純なものではない。傘は「紳士的であること」、「内面の紳士性」を発露させる極めて精神的な代物であると言わねばならない。

●元来、傘の一部であった「天蓋（カノピー）」は王侯貴族の寝室を飾るものであり、高貴の象徴でもあった。傘の歴史を知っているイギリス紳士たちが、傘に崇高性を求めていたのも当然のことかもしれない。

傘のアートパフォーマンス

和傘/風と水

ドイツ出身の美術家ステファン・クーラーは和傘の美しさにひかれ、蛇の目傘を並べたり、池に浮かべるパフォーマンスを展開してきた。
クリストの「吃立する」傘に対して、クーラーのひっくり返した「さかさま」の傘は、水に浮かび、風に流され、日本的情緒と風流を運ぶ舟となる。
皇居外堀の赤坂・弁慶濠で。1991年10月

アンブレラ/光と影

クリストの「アンブレラ、日本とアメリカ合衆国のためのジョイント・プロジェクト」では、
高さ6m、直径8m、約3000本の傘が、ロサンゼルスと茨城県に設置された。
アメリカでは黄色、日本では青色の傘の群れが、丘陵、田園地帯、道路を横切り、
傘がつくりだす輝くような光と影が、梱包作家クリストの「空間」を浮上させる。1990年10月

写真＝中村慎太郎（2点とも）

傘お化けの出自

小松和彦

「かさ」お化けの登場

●日本の「かさ」には、頭に直接かぶる「笠」と、頭上から離してさす柄のついた「傘」の２種類がある。漢字を用いれば、笠と傘という具合に区別できるが、口語では区別できないために、日本人は昔からしばしば後者の方は「からかさ」（唐傘）と呼んで区別してきた。

●ところで「かさ」のお化けというと、多くの人は、破れた唐傘に大きな一つ目や舌をべろんと出した一本足のお化けを思い浮かべるだろう。傘のお化けは、妖怪の代表の一つといっていいほどよく知られている。蕪村の俳句に「化けさうな傘かす寺や夕時雨」というのがあるが、こうした句がつくられる背景には、唐傘のお化けが人々のあいだで一般化していた事実があったのだ。しかし、日本の妖怪変化史において、「かさ」の妖怪がとりわけ突出した位置を占めているかということになると、妖怪学者は否定的な答えをするはずである。というのも、「かさ」の妖怪は、人間のつくったさまざまな道具が妖怪化したものの一つにすぎないからだ。

●「かさ」のお化けが妖怪画に登場したもっとも古い例は、おそらく室町時代後期の『百鬼夜行絵巻』（土佐光信）のなかに登場する唐傘の妖怪であろう。この絵巻は、釜や経巻、烏帽子、沓、琵琶といった古道具の妖怪が大路を行進している場面を描いたもので、そのなかに、「唐傘」を頭部に見立て、それにやせ細った人間の体ないしは鬼の体をくっつけた、杖をついて行進する妖怪が描き込まれている。さらに、江戸後期の妖怪絵ブームのきっかけをつくった鳥山石燕の妖怪図鑑の一つ『画図百器徒然袋』にも、「雨の縁によりて、かかる形を現はせしにや」との説明がついた「骨傘（ほねからかさ）」と名づけられた唐傘の妖怪が含められている。また、幕末から明治にかけて活躍した河鍋暁斎の『百鬼画談』にも、髑髏（どくろ）の軍勢と戦う、不動明王に率いられた妖怪軍団のなかに傘の妖怪も混じっている。

『百鬼夜行絵巻』部分（土佐光信）。室町後期のもので、「かさ」のお化けが妖怪画にはじめて登場したと考えられる

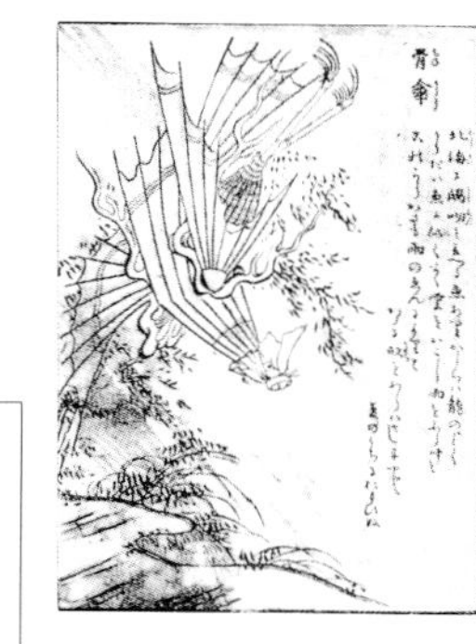

骨傘。鳥山石燕『画図百器徒然袋』より。石燕は江戸後期の浮世絵師で多くの妖怪絵本を残し、後世に影響を与えた

●このように、傘の妖怪は古くからみられるのであるが、しかし、その位置は、古道具の妖怪の行列を彩る一つ、妖怪図鑑のなかの一つ、妖怪軍団の構成員の一つでしかない。同じ古道具の妖怪でありながら、提灯のお化け（提灯に出現するお岩）が、北斎や北英、国芳などに好んで描かれたのに比べると、傘の妖怪がそれほど特別な扱いを受けていたようには思われないのである。傘のお化けは、多くの妖怪の一つにすぎないといっていいだろう。

●では、もう一つのほうの「かさ」すなわち「笠」の場合はどうだろうか。残念ながら、わたしは、明らかに古笠が変化したと思われるような妖怪の姿を妖怪画のなかに見た記憶がない。その点からすると、古笠の妖怪は、存在していたにせよ、妖怪変化史においてきわめて低い位置しか占めていないということになる。このように、「かさ」が化けるという意味での「かさ」の妖怪の歴史は、細々としたものなのである。

「かさ」と妖怪の親縁関係

●しかしながら、興味深いことに、「かさ」と妖怪の親縁関係ということになると、俄然、光り輝いてくる。たとえば、鳥山石燕の一連の『画図百鬼夜行』には、笠をかぶった妖怪として「獺（かわうそ）」「雨降小僧（あめふりこぞう）」「白粉婆（おしろいばば）」「否哉（いやや）」が見えている。これらの妖怪にとっての「かさ」は、雨を避けるための道具として、あるいは旅装束の一部としての「かさ」、という性格が強い。その意味では、これらの「かさ」と妖怪の関係は、日常生活における人間と「かさ」の関係の投影にすぎない。

●ところが、じつは、石燕の妖怪図鑑には、「傘」と妖怪の特別な関係を示唆する興味深い絵が一枚載っているのだ。それは「後神（うしろがみ）」と題された妖怪絵である。大きな木の上方の中空をくるくると回転している女の亡霊らしき「後神」の下方に、逆立ったつまりオチョコになった唐傘がさし立てられている。これは、この傘に後神が示現してきていることを明らかに物語っている。こうした絵柄はほかにも見出すことができる。不破伴作が古寺の化けものを退治したという話から題材をとった芳年の『和漢百物語』の絵にも、伴作がさす唐傘の上に現れた妖怪が描かれているからである。

●傘に出現する幽霊は、歌舞伎と深い関係があった。歌舞伎では亡霊は唐傘に出現するという約束のようなものができあがっていたようである。したがって、歌舞伎の亡霊出現の場面を描いた錦絵にも、国周の「お菊の幽霊」や国芳の「法界坊の亡霊」、国貞の「小幡怪異雨古沼」など、傘に出現してくる幽霊を描いたものが多い。つまり、怨霊ものの芝居では、傘をもった者が登場すると、観客はその傘に怨霊の出現の予兆をみていたのだ。

春江斎北英『百物語』より。提灯のお化けは北英、北斎、国芳らに好んで描かれた

河鍋暁斎『百鬼画談』より。部分

獺（かわうそ）。『画図百鬼夜行』（鳥山石燕）より

●なぜ傘に亡霊や化けものが好んで出現するのだろうか。日本芸能史研究者の郡司正勝は、神事や民俗芸能における「かさ」の使用などの検討から、祭礼の「かさ」は神霊が依り来る「依代（よりしろ）」であり、神霊が籠り隠れる聖なる小宇宙であり、さらには芸能の場を華やかにする風流の道具であった、と述べている（『風流の図像誌』三省堂）。

●なるほど、多くの祭礼に派手な花傘（笠）が登場する。京都・今宮神社の「やすらい祭」の花傘、秩父神社の傘鉾、葵祭の傘鉾、あるいは諸国の祭礼の行列に登場する「ひとつ物」と呼ばれる馬に乗った稚児や女性あるいは人形がかぶる派手な笠、あるいはまた雨乞い踊りに多用される風流系統の花笠・大笠等々、その例にこと欠くことはない。しかしながら、それらのすべてが神の依代としての役割をかつてはっきりもっていたと断定するのは乱暴であろう。ある祭りの笠の出しものの派手さに惹かれて、自分たちの祭りに導入したとき、そうした依代的性格が脱落することはいくらでもあったからだ。たとえば、諸国の祭礼の「ひとつ物」を文献にそくして再検討した民俗学者の福原敏男は、「ひとつ物」の基本的性格を華美の強調に求めて、依代説に疑問を投げかけている（『祭礼文化史の研究』法政大学出版局）。しかし、福原も認めるように、そうした「ひとつ物」でさえも、その根底には「かさ」に聖性を見出し、それを依代としてきた信仰の地下水脈が脈々と流れていることを無視することはできないだろう。

●依代としての傘の古い事例としてしばしば引用されるのは、『更級日記』の遊女（芸能者）が用いる傘のことを記した記事である。一行が足柄山にさしかかって麓で宿をとったとき、「月もなく暗き夜の、闇にまどふやうなるに、あそび三人、いづくよりともなくいで来たり。五十ばかりなる一人、二十ばかりなる、十四五なるとあり。庵の前に傘をささせてすゑたり」という。雨も降っていない、深い夜の闇のなかで、たきびをたき、傘を開いたその下で、芸を披露する芸能者。この傘が神の依代であったかは定かではない。が、傘が聖なる道具であり、その下が芸をするための聖なる空間となっていたらしいことはわかるはずである。おそらく、遊女＝巫女の体に降りてきた神が、自らの物語を語ったり、神の代理人としての遊女＝巫女が近辺に祭られている神仏の縁起物語を語ったのであろう。

●折口信夫は「近代芸術は柄傘の下から発達したと言うてもよい位に、音曲•演劇•舞踊に大きな役目をしている」(『折口信夫全集』第1巻、中央公論社)と述べているが、上述のような、傘をさしかけてその下で芸をする芸能者は、たとえば、大道で大傘をさしかけて説経節を語る説経師のように、時代の下った室町末期から近世初頭に制作された洛中洛外図にたくさん描き込まれている。たしかに、近世の芸術の多くは、傘の下から生み出されたのである。

●こうした背景を考えれば、なぜ歌舞伎において幽霊や化けものの出現装置として傘が好まれたかがわかってくる。芝居では、傘を持つ登場人物が宗教者から普通の人間に変わっており、また幽霊や化けものを登場人物が積極的に呼び寄せようとしているわけでもない。だが、歌舞伎作者たちは、幽霊や化けものの出現の場面に、祭礼で神の依代としての役割をになっていた傘を、あるいはその記憶を留める傘を、登場人物に持たせることで、妖怪の出現を暗示させたのだ。

異界から来訪してくる神や鬼

●もっとも、「かさ」と妖怪の関係は、神の依代としての「かさ」のみで説明されるわけではない。別の回路からも「かさ」と妖怪は密接な関係をもっていた。神霊の外出•旅装束の一部としての「かさ」、あるいはこれとはやや性格が異なるが、神霊が姿を隠しあるいはそのなかに籠っている神霊が出現してくるところとしての「かさ」という信仰も古くから存在していた。たとえば、古代神話のスサノオは、高天原を追放されて放浪したとき、蓑笠をつけて家々の前に立ったという。この思想を受け継いだのが、異界から来訪してくる神や鬼である。

雨降小僧。『今昔画図続百鬼』(鳥山石燕)より

白粉婆。『今昔百鬼拾遺』(鳥山石燕)より

否哉(いやや)。『今昔百鬼拾遺』(鳥山石燕)より

●姿の見えない鬼が蓑笠をつけて来訪してくるということが平安時代からいわれだし、やがて、その蓑笠を身につければ人間もまた姿が見えなくなるという、いわゆる「隠れ笠•隠れ蓑」の考えも生み出された。

●実際、深く大きな笠を目深にかぶり、蓑で体をすっぽりと包んだ状態では、その正体が、親しい隣人なのか、見知らぬ旅人なのか、あるいは盗賊のたぐいなのか、はたまた神や鬼なのか、まったく見当がつかない。すなわち、笠と蓑は外部空間と内部空間をつくり出す仕切り＝境界となっていて、外部にいる者にとって、その隠された内部空間は一種の「異界」、「移動する異界」となるのである。これは、笠に限ったことでなく、頭巾のような被りものにもいえることである。

●おそらく、この移動する異界空間としての蓑笠の本質をもっとも純化した状態で抽出すれば、それは折口信夫が「石に出て入るもの」と題する論文で述べたように、中空なるもの＝「うつぼ」であろう(『折口信夫全集』第15巻、中央公論社)。そのなかに人間が閉じ籠り、やがて素性の違った性格を帯びるようになって再生してくることもあれば、逆に遠くの他界からそのなかに神霊や妖怪が宿り来ることもあるわけである。つまり、蓑笠は、何者かが宿るところ、一種の「母胎」であり、この世とあの世の媒介項であり、通路であったのである。

●そして、こうした蓑笠の異界的性格は、郡司正勝も指摘するように、他界としての「山」とも重なるものがあり、実際、笠の形態は縮小された「山」というべきものであった。これは「笠」のみでなく、もう一つのほうの「傘」についてもいえることである。

●文化人類学者の山口昌男はこうした郡司正勝の考えを、宗教学的概念を用いて「移動する宇宙樹＝宇宙山」と捉え直している。「手に持つ傘は、一方では天蓋としての性格を帯びており、移動する宇宙樹としての面影を宿している。桃山時代の屏風絵に描かれた祭礼図に登場する長柄の傘にはこうした趣きが認められる」(「宇宙樹としての傘」『文化と仕掛け』筑摩書房)。つまり、「かさ」には、天と地の接点、あの世とこの世の通路、宇宙の縮小凝集された模型、といったことが託されていたのである。

●こうした考えにたつと、「山」に来臨する神霊や妖怪、そのミニチュアである「かさ」に来臨する神や妖怪、あるいは「山」の代替物である「かさ」に籠って移動する神や妖怪のあいだには、それほど大きな隔たりがないことになる。鬼や天狗が蓑笠を持っていたり、関西の店の前によく立っている信楽焼の「酒買い狸」(化け狸)が笠をかぶっていることの理由も、なんとなくわかってくるはずである。もっとも、近世になると、笠をかぶって出現する鬼や狸のかつての意味が、次第に忘れられていったこともたしかである。

後神。
『今昔百鬼拾遺』
(鳥山石燕)より。
「うしろ神は
臆病神につきたる神なり。
前にあるかとすれば、
こつえんとして後にありて、
人のうしろがみを
ひくといへり」との
説明があり、
傘に後神の霊力が
こもっているかのように
描かれている

『和漢百物語』(月岡芳年)より。
不破判作がさす傘の上に
妖怪が降りて来ている

崩壊した世界に住みつくもの

●郡司正勝は「傘が破れると、世界が破れる」という。たしかに、宇宙樹としての「かさ」が破れることは、世界の崩壊を意味した。すでに述べたように、破れ傘の妖怪の直接の母胎は古道具の妖怪である。しかし、こうした観点から読みとると、「新しい」傘に来臨するのが神であり、崩壊した世界に住みついているのが、「破れ」傘の妖怪であり幽霊である、ということになるのかもしれない。

●とはいうものの、『百鬼夜行絵巻』の傘のお化けや『画図百鬼夜行』の「骨傘」あるいは私たちのよく知っている「ベロ出し傘お化け」を、そうした崇高な宇宙論的モデルで読み解くことが生産的であるかは、大いに疑問である。むしろ、こうした傘のお化けは、そうした宇宙論モデルの外側に、あるいはそれが崩壊したところに発生してきたのではなかろうか。

●私自身は、「かさ」の宇宙論を横目でにらみつつも、道具にも霊が宿っていて、それが年月を経るにしたがって変化する能力さえ獲得するという、アニミズムに支えられた、古道具の妖怪観から生まれた妖怪の一つとして「破れ傘」の妖怪を理解する、という程度に留めておくべきだ、と思っている。

●しかし、「傘が破れる」以前には、ここでみたような、「かさ」には宇宙を象徴するものとしての華やかで壮大な時代があったということも、忘れるべきではないのである。

江戸太神楽・傘の曲を観る

末広の福を招いて 傘は回る

鏡味仙之助・仙三郎

［取材・文］
木部与巴仁

鏡味仙之助、
仙三郎の傘の曲、
立てわけの芸。
二人の傘人間が出現

撮影＝西村陽一郎

●寄席はいつ来ても華やかだ。提灯がずらりと並び、正面の舞台がライトに照らされ、前座の噺から聞こうという熱心な人が客席を前の方から埋めていく。ここは上野にある鈴本演芸場。開幕して3番目に登場したのは、羽織袴姿に身を包んだ二人の人物だ。演者の名を黒々と書いためくりには、「鏡味仙之助/仙三郎」とある。

●「まず傘の立てわけをご覧にいれます」

●仙三郎が言うと、もう一人の仙之助はすぼめた番傘を取り出し、親指の腹に乗せて差し上げた。次は傘を開き、軒爪の先を顎に乗せてそのまま立てる。さらに額にも。細くて尖った軒爪が痛いのではと心配するが、こちらの思いをよそに、舞台上は大輪の花が咲いたように華やかなありさま。紙の色は古代紫で、ぱっと開いた様子が何ともいえない。

●いったん舞台袖にひっこんで現れると、「次は回しわけ」と言う。真っ白な毬が出てきた。仙三郎、ぱっと開いた傘の上に毬を乗せると、柄竹をしっかり握って勢いよく回し出す。くるくるくるくる傘は回る。毬は落ちない。自分の意思で動いているかのように、開いた傘の上を走り続ける。毬がすむと今度は升。毬と違ってこちらは四角だ。「うまく回りますか」。そう言いながら仙之助が手の上で回転させたが、升はガタンと音をたてて舞台に落ちた。もちろん、これは演技であろう。回し始めた傘に升を放り上げると、からからからから、心地よい音をたてながら止まるところを知らない。客席から大きな拍手が起こる。

●次は茶碗である。升と違って落とせば割れる。「前におすわりの方は気をつけてください」。きちんと念が入れられた。開いた傘で茶碗を受け止めたのは仙三郎。しかし回さない。茶碗はおとなしく乗っているだけ。気合いをかけて傘を揺すると、茶碗は90度傾く。ぐっと腰を落とし、ものすごい勢いで傘を回す。茶碗はみごとに走り続ける。これも拍手。そして最後は金輪である。仙之助がかざした傘の上を、中心から軒へ、軒から中心へ、金輪は生きているように走る。傘を揺らすと、一回転して逆方向へ。傘をすぼめていっても、金輪はまだ回っている。もう自由自在なのだ。最後は頭ろくろの上にすっぽり入り、傘を閉じておしまい。金輪は傘の胴をすり抜けて、仙之助の手に収まった……。

●鈴本演芸場で見た鏡味仙之助・仙三郎の傘の曲は、太神楽のひとつである。厳密には、彼らの芸が育まれてきた場所の名を冠して江戸太神楽、東京太神楽というべきだろう。大道や寄席などで、獅子舞や、傘、毬、撥(ばち)などの曲芸、滑稽茶番を演じる芸能と考えていただければいい。その起源は平安時代までさかのぼれるというから、歌舞伎や落語などよりもずっと古いのだ。現在の太神楽に直接結びつくのは、伊勢神宮や熱田神宮への参詣が盛んになる近世に広まった、悪魔払いの獅子舞である。太神楽という名も、初めは神社への代参という意味から「代神楽」と書いた。そして後に美称の意味で、「太」という字を用いるようになったという。それがなぜ、曲芸の代名詞とされるようになったのか。

●結論を言えば、獅子舞の余興であった曲芸が人気を得て、独立した演目になったのである。獅子舞は福を招き入れるためには欠かせないが、やはり厳粛なもの。正月や秋の祭礼など時期も関わるから、いつでも見られるというわけにはいかない。しかし、曲芸に季節はない。独立させればいつでも味わえる。見ための華やかさや心地よいスリル、演技を終えた瞬間に沸き起こるカタルシスも大きい。曲芸すなわち太神楽と考えるのは勘違いだが、そうまで思い込ませたというところは、曲芸が人気を得ていたことの証拠である。

●ただ、太神楽の本来が獅子舞であることは忘れないでおこう。95年7月の東京・国立演芸場では九代目雷門助六の襲名披露公演が行われていたが、

からからからから、
心地よい音を
たてながら
升は傘の縁を
あやうげに回る。
観ている者は
はらはらドキドキ

舞台に二色の
大輪の花が咲く

「まず傘の立てわけをご覧に入れます」と傘の曲が始まる

傘の上で、毬は中央に行ったり縁に寄ったりして回り続ける

仙之助•仙三郎も太神楽曲芸連中の一人として、寿獅子に出演した。仙三郎は獅子の頭を、仙之助は囃子方をつとめたのである。

●鈴本演芸場の舞台を見た数日後、改めて、鏡味仙之助•仙三郎に会った。まず仙三郎に聞いたのは、太神楽において、傘の曲がどんな位置を占めるのかということ。

●「傘の曲は、10人いれば10人ともこなすことができます。これができないと太神楽の芸人としては失格です」

●傘の曲には立てわけもあるが、基本的には何かを回してみせる芸である。毬、升、茶碗、500円玉などの硬貨、きれいな音のする馬鈴、火のついた綿の玉、「ひょうたんぽっくりこ」と呼ぶオキアガリコボシのような筒……。角ばっていたり重すぎたりするものなどは傘が傷むのでめったに回さないが、回せるものは何でも回してみようと工夫する。ミラーボールだってルイ•ヴィトンの鞄だって回したことがある。二人で同時に傘を回し、毬を投げ合う至芸もあるのだ。

●思いがけなかったのは、ただ傘を回すだけでなく、傘の上のものを見ながら回すということ。毬でも升でも茶碗でも、見ないことには、それが傘のどこにあるのかわからない、だから回せないという。なるほど、言われてみればそうであろう。そのために、ものが透けて見えるよう、以前は蚊帳の生地を、現在なら寒冷紗を張った、特別あつらえの曲芸用の傘を使うのだ。天井からの照明は必要だが、太陽光線が直接目に入る屋外などは、かえって回しにくいというのもうなずける。この傘は、紙のかわりに透ける布を使っていること以外は、基本的には番傘と同じである。しかし、曲芸に耐えるだけの頑丈な傘にするため、質のいい竹を選び、必ず1本の竹から1本分の傘をつくるようにしているという。よくみると、骨はわずかだが太めになっている。また、竹の柄だと回しにくいため、うるし塗りの木の棒が使われている。はじきは真ちゅう製で普通より大きい。回しているときに閉じてしまったら困るから、これもなるほどという工夫がされているのである。

●二人の修行が始まったのは仙之助6歳、仙三郎9歳の時。上野桜木町に生まれた幼馴染みが、十二代目の鏡味小仙師匠に弟子入りして、厳しい芸の道を歩み出したのである。初めは撥の立てわけや投げわけを教わり、やがて傘の曲へ進む。舞台で使っているようなきれいな傘ではない。穴が開いていたり骨が折れていたりと、ぼろぼろの傘で稽古させられた。高価な傘である。親骨と子骨のつなぎ目など、糸を使って直すのは当たり前だった。

●「傘の曲はそれほど難しくない。それだけに、お客様をどう楽しませるか、楽しんでいただくか。人それぞれの演出があるわけです」

●仙之助の言葉で思い出すのは、升を回そうとしたとき、舞台上でわざと取り損ねてみせた姿だ。素人には実際に難しいのだが、修行を積んだ彼らが升を落とすことはありえない。器用な人なら半年くらいで毬を回せるというし、金輪だって茶碗だって、回るのが当然なのだ。だから、それらを難しそうに回す演出も、曲芸には欠かせない。喋りながらするコンビもあれば、ただ見せることだけに専念するコンビもいる。どちらがいいというのではない。キャラクターの違いなのだ。

●仙之助・仙三郎の師匠にあたる鏡味小仙が著わした『江戸太神楽』によると、昔から太神楽のレパートリーは十三番といわれた。そのうち曲芸の主なものをあげてみる。傘の上に茶碗や曲物などを乗せて回す「傘の曲」。撥を四十八手に取りわける「曲撥」。太神楽の表芸といえる「曲毬」。羽子板二枚と毬を使いわける「羽子板相生の曲」。茶碗を長竿の上へ左右に積み上げる「五階茶碗の曲」。長竿の先へ茶碗を乗せて中から水を八方に散らし、終わりに紙吹雪を出す「水雲井の曲」。頂上に閑古鳥のあ

仙之助のあやつる毬は、さながら命あるもののように激しく傘の上を走る

開いた傘が顎から額、
額から頭上へと移動していく

頭上の傘は落ち着く間もなく、また額へ、
そしてひょいと肩へ乗り移る

傘の上を回る金輪が、ときどき宙を舞う

片時も茶碗から目を離すことはできない。
一瞬の油断で茶碗は傘の外へ

半開きに傘をすぼめても、
軽やかなリズムを刻み金輪は回る

る万灯を四段に継ぎわけてゆく、太神楽最後の技芸「末広一万灯の立物」。

●名前から想像するだけでは何をするのかわからない、複雑で難しそうな芸が多い。その中で傘の曲は、毬や撥と並んで最もポピュラーかつ、馴染みやすい。何しろ、見ているこちら側に実感があるのだ。茶碗を積み上げたり、茶碗の中から水を散らしたことはなくても、傘はみんながさす。番傘だってさしたことのある人は多いだろう。

●筆者は1958年、瀬戸内海の町に生まれたが、小学校の置き傘は番傘であった。小学校に上がったばかりの小さな手で、太い柄竹をしっかり握って家路についた。後ろから見ていれば、人が歩いているというより傘が歩いているような様子だったろうが、とにかくそこには、軽くて金属的な洋傘にない、確かで柔らかな実感があった。瀬戸内が遅れているというコンプレックスより、番傘をさせたという自慢気な気持ちのほうが今でも大きい。そんな親しみやすい番傘を使ってする太神楽だから、観客席の反応も親しいのだ。

●ただ、太神楽も後継者の不足には悩んでいる。仙之助・仙三郎が修行を始めた30年以上前、太神楽曲芸協会の会員は100人以上いた。それが現在では、4分の1程度に減ってしまった。このままでは太神楽が自然消滅してしまう。そんな危機感から、国立劇場において、太神楽の研修が行われることになった。仙之助・仙三郎のコンビも、講師として指導にあたるという。

●「傘は末広がりで縁起がよく、パーティーや結婚式などには欠かせません。傘そのものが大きいので遠くから見えるし、派手で美しいため舞台映えがします」。こんな仙三郎の言葉に、仙之助も言葉を添えた。「外国のお客様など、ぱっと開いただけで喜びます。和傘の美しさに魅せられるのです」

●寿ぎの心を宿した太神楽。そのうちにあって、末広の福を招いてくれる傘の曲。ひとまずは美しき日本の曲芸に、弥栄(いやさか)の未来が訪れますよう。

傘をつくる/和傘と洋傘

［取材・文］
石本君代

和傘、農業的なるもの

和傘づくりの工程には、手工業的な作業を農業的に行っているような側面がある。竹、紙、油、漆など、和傘に用いられる素材のほとんどは天然素材であり、その扱いには天候や湿度といった農業的条件と、この道何十年の職人技という手工業的条件の、両方が必要とされるからだ。

●そのため、和傘職人の中には、90%以上の確率で天気予報ができたり、天候の変化を10分前に察知できる人もいる。お天道様の様子を窺いながら、晴れの日には晴れの仕事を、雨の日には雨の仕事を。和傘は今もって、このようなゆったりとした農業的リズムの中で生まれている。

●和傘の製作工程を大きく分けると、傘骨、柄竹、ろくろといった構造部の製作と組み立て、紙づくりと張り、最後の仕上げという3パートに分かれる。そしてそれぞれのパートがさらに細かく分かれ、それぞれ別の職人たちが担当する。職種としては20種前後。複数の職種を兼ねている職人もいるが、ともかく非常にきめ細かい分業体制でつくられているのである。

典型的な家内制手工業

その分業の第1パートは傘骨づくり。真竹を割って、親骨と小骨をつくっていくプロセスである。

●10月から12月の間に伐採される真竹は、竹質が変わりにくく、害虫もつきにくいことから時期竹（ときたけ）と呼ばれ、竹製品には欠かせないものだ。和傘では周囲25cm以上、樹齢3年以上の時期竹が選ばれる。これを親骨と小骨の長さに合わせ、節の部分に親骨と小骨の接続部分がくるように切っていく。切り揃えた竹は、直射日光や雨による変質を防ぐため、水に浸して保存する。

●その後、竹の皮を剝いて印づけをし、その印に合わせて竹を分割していく。これはナタを使っての手作業で、なかなかの力仕事だ。とくに竹を4分の1の太さに割る時は、手のひらで握りつぶすように割っていくので、瞬発的な握力がいる。

●竹割り中の作業を見せてくれたのは、羽根田静子さん。「子供のころから家の手伝いでやってきたので、とくに難しい作業だとも思いません。ナタで怪我をしたこともないし」と言う。羽根田さんは弾力性のある肉厚の手をしていて、いかにも握力が強そうだ。

親骨、小骨をつくるための竹割りの作業。2等分した竹の節を機械で削りとり、そのあと手作業で分割していく

骨の厚さを揃える「身すき」。道具は羽根田平男さんが考案した

身すきをする羽根田さん。シュッシュッと小気味よい音をたてながら竹の肉が削られていく

撮影＝西村陽一郎

●その後は、竹の肉を削る「身すき」をし、もう一度竹を2等分して骨2本分の太さにする。次に骨を綴じるために、一方に頭ろくろに繋ぐための穴、もう一方に軒糸を通すための穴をドリルを使ってあけていく。そして今度は動力機を使って、竹を骨1本分の太さに分割する。

●傘骨づくりで最も熟練技術を要するのが、次の「骨削り」である。ろくろにはさむ部分、傘の上部、親骨と小骨の接合部分、軒の部分の4カ所を、機械で同時に削っていく。

●「4カ所をバランスよく削るためには、機械の調整が難しいんです。経験と勘が要ります」と言うのは静子さんのご主人の平男さん。

●面白いもので、典型的な家内制手工業の傘骨づくりでは、男女の役割分担がはっきりしている。竹を割るのは静子さん、身すきをするのは平男さん、穴あけは二人同時、機械をいじるのは平男さんという具合である。

●「いつごろから決まっているのか知りませんが、ずっと昔からそうでした」と静子さん。

●こうして骨削りが終わると、最初に入れた印にしたがって骨を順番に揃え、中節の部分の穴をあけて竹ひごを通す。

●これを竹の輪に入れて天日で二日ほど乾かせば、傘骨は完成する。日当たりの良い庭先で乾燥を待つ傘骨の束は、手工業品でありながら、農作物的たたずまいも漂うのだ。

●ここまでは骨屋もしくは竹屋と呼ばれる職種の仕事である。その後、傘骨は染め屋に送られて色染めされる。

●この間に、柄竹屋は真竹や女竹、矢竹などを原料に柄竹を製作。竹を切ってはじきの穴をあけ、塗料を塗るところまで進める。ろくろ屋はチシャの木からろくろを製作。柄竹とろくろは、その後、繰り込み屋のところで、組み立てられ、はじきもここで取り付けられる。繰り込みの終わった柄竹に、傘骨を糸で繋いでいくと、和傘の構造部は完成である。

手と目と頭の作業

傘張りは江戸時代、下級武士の典型的なアルバイトであったが、片手間でやれるほど容易なものではない。紙の張りに少しでもねじれができると、閉じにくかったり、破れやすくなったりする。和傘のクオリティを左右するいちばん大きなポイントである。

●張りの工程はまず手すき紙の裁断から始まる。紙の大きさは、親骨の長さによって異なるが、数式どおりの計算ではなく、「少し加減した方がピッタリきます。そこが勘どころ」と言うのは、父上を見習いながら、14歳から張りをやってきた伴清吉さん。伴さんの作業場には、紙の大きさを計算するための乱数表のようなものが書かれた箱があった。これがいわば企業秘密である。

削られた骨は、竹の輪に入れて天日に干す。一つの輪に竹一本分の骨が納められる

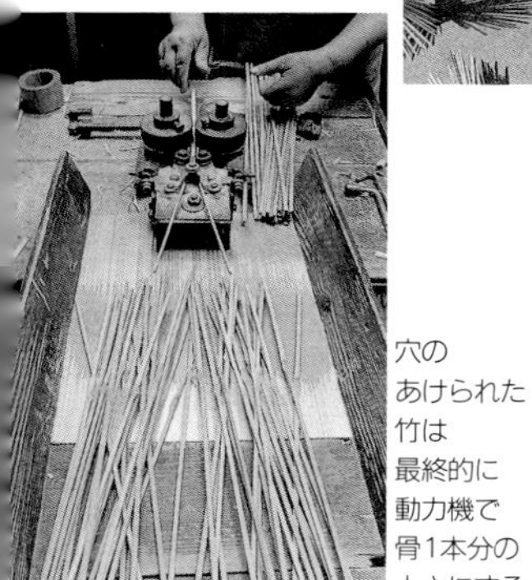
穴のあけられた竹は最終的に動力機で骨1本分の太さにする

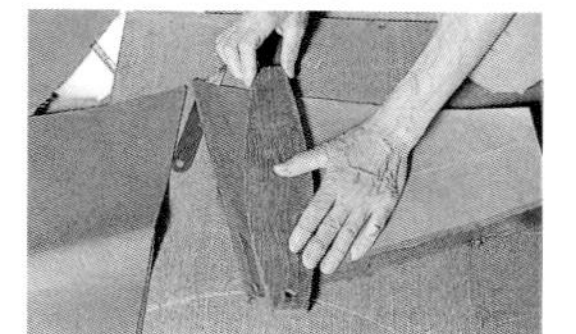
紙の裁断は微妙な勘どころが必要

14歳から張りをやってきた伴清吉さん。まず軒紙から張り始める

●紙を裁断し終わると、骨の微妙な歪みを火であぶって修正する「手だめ」の作業。次に、傘の骨を等間隔に配分して糸で締める「間くわり」。間くわりが終わった傘は、真っ平らに広げられ、ここから紙張りが始まる。

●まず軒糸の部分に、細いテープ状の軒紙を張る。次に親骨と小骨の接続部分の上部に、やはりテープ状の中置き紙を張る。

●本格的な紙張りは、平紙からである。平紙は軒紙から中置き紙までの部分をカバーするもので、普通は16枚。48本の骨の傘であれば、骨3本につき1枚の割合で張られていく。骨に糊をつけ、障子張りの要領で紙がねじれないように張りつけていくのだが、伴さんのスピードはとにかく速い。20分ほどで360度、48本の骨に平紙を張りつけてしまった。

●続いて、傘の中心部分から中置き紙の部分までを3枚の天井紙でカバーする天井張り。平紙張りの時は傘骨をほぼ真っ平らに広げていたが、この時は少しすぼめる。次にろくろと天井紙の接続部分を紙で何重にも巻いて補強。この作業がいちばん力が要る。

●後は仕上げとして、張り終えた傘を閉じて形を整え、傘が広がらないように輪に入れ、天日で乾燥する。

●お客さんからの依頼で、傘に家紋を入れる場合もある。家紋の形に小刀で切り紙をするのも伴さんの仕事。こうした緻密な作業から、頭ろくろを紙で何重にも巻く時のような力仕事まで、伴さんの担当する工程はすべて手作業で、目もかなり酷使する。しかし70代後半の伴さんは、作業中、眼鏡を一切使わなかった。これはこの後、伴さんの仕事を引き継ぐ80代後半の兼松憲一さんも同様で、和傘職人たちの若々しさには、驚かされるのである。

つくることと待つこと

和傘の最終工程である仕上げは、もっとも天候に深く関わってくる作業だ。仕上げ職人の兼松さんは、まず空の様子や湿度、空気の気配などから明日の天気を予測し、作業に取りかかる。当たる確率は90%以上。おかげで近所の人からも、よく天気を尋ねられるそうで、「給料をもらわんと、気象庁の仕事をやっとるようなもんです」と笑う。

●翌日、晴れの予測がたつと、白張りの傘の骨に糊を塗る。その後、和紙の繊維の凹凸を押さえるため、ガイシのローラーで摩擦。続いて、骨の表面にベンガラの上薬、紙の表面にえごま油を中心とした植物油の混合油を塗る。そのまま一晩寝かし、翌朝から傘を広げた状態で天日に干す。草の生えた干し場の上に、色とりどりの傘が広がる姿は壮観だ。

●にわか雨がきたらアウトである。天日干しの時は、始終空の様子をチェックしていなければいけない。しかし兼松さんいわく、「そん

平紙を張るのは障子張りの要領で。360度を20分ほどで仕上げていく

仕上げへらで、和紙がきちっと内側にたたまれるようにおさえる

ガイシのローラーで摩擦する兼松憲一さん。これにより和紙の繊維をおさえる

漆がけの作業。均等に塗るには熟練技術がいる

なものは10分前に予測できる」。気圧の変化が身体感覚でわかるのだそうだ。

●もっとも熟練技術が要るのは、漆がけである。終戦後から、漆は本漆からカシュー漆に代わり、刷毛ではなくローラーで塗るようになったが、たまりができないよう均等に塗るのは難しい。ローラーを右手にもって固定し、左手で閉じた状態の傘を回転させてカシューを塗っていく。ローラーは兼松さんの手製で、にかわを溶かして型に入れてつくったものである。

●漆が乾いた後は、作業中にできた傷を修理し、柄竹の部分に籐を巻いて金具を取り付け、頭ろくろに頭紙（ずがみ）または合布（かっぱ）を付けると和傘のすべての工程は完了である。

●竹と紙でできている和傘は、素材が水や糊、油、漆などの液体と出くわすたびに、乾燥させなければならない。乾く時間は、天気次第でまちまちだ。お天道様の気紛れに翻弄されながら、天然素材の呼吸に合わせて、ひたすら待つ。しかし、この「待つ」ことも、彼らの仕事の一部なのだ。つくることと同じくらい、待つことの比重が高い仕事。これはやはり農業的手工業といえるのではないだろうか。

洋傘、エンジニアリング的なもの

洋傘づくりについて、老舗洋傘店の前原光栄商店の前原裕司社長が、非常にうまく表現した文章があるので、引用させていただく。「傘という漢字の中にある人の字は、生地、傘骨、手元、加工の四つのパートをうけもつ匠たちの数を。そして人の冠はすべての仕様を決定する商品企画を。すべてをまとめる十の字は、商品企画に合わせて匠たちの技術を束ねる指揮官の存在を示しているのではないでしょうか」

●洋傘も和傘と同様、各パーツは熟練職人たちの分業でつくられているが、この文章にあるように、商品企画に基づいて、指揮官がすべてを統合するところが、和傘よりももっとはっきりしている。和傘づくりにも指揮官は存在するが、洋傘ほど前面には出ない。

●その理由は、洋傘には素材もデザインも個々の技術にも、和傘よりはるかに多くの選択肢があり、ある秩序をもって物づくりを指揮する人間がいないと、機能的にもデザイン的にも、全体のバランスがとれなくなるからだ。いわば船やプラントのエンジニアリングと同じように、全体を統率するプロジェクト・マネジメントが必要になってくるのだ。

●どのくらい選択肢が多いかというと、手元の材質を例にとると、マラッカ籐、竹、桜、楓、ヒッコリー、葡萄、プラスチック、スチール、さらに牛革やトカゲの革、合成皮革を巻くこともできる。中棒には天然木、アルミやスチール、カーボンが、生地には正絹、ポリエステル、綿、ナイロンなどがあり、それぞれの材質によって加

はじきの加工を行う前原裕司さん。自ら工夫してつくった道具で燐銅線を曲げていく

はじきに必要なさまざまな曲がりは熟練した手技でつくられる

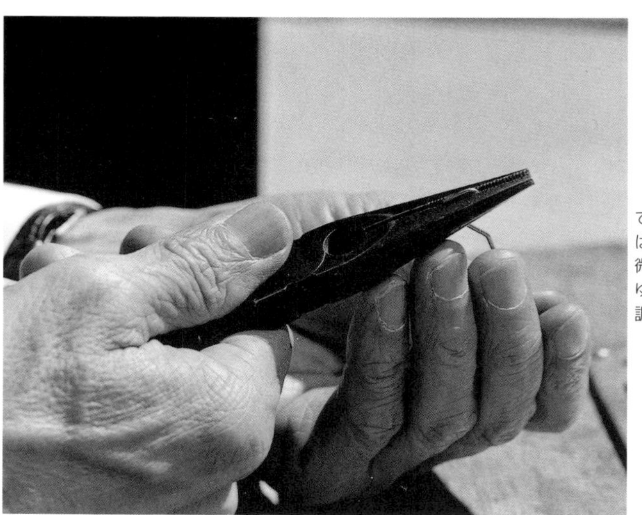
でき上がったはじきの微小なゆがみを調整する

はじきをつくるための道具はすべて手づくり

工の方法も似合うデザインも違ってくる。
●したがって指揮官は、「金偏、糸偏、木偏について幅広く勉強しないと、良いものがつくれない」と前原さんは言う。

こだわりの集積

洋傘づくりの工程は次のようなものだ。まず企画で、傘の長さや色、形、骨数などを決定する。次に生地、中棒、手元、傘骨の素材など、使用パーツの選定を行う。続いて、それぞれのパーツを職人に発注。各パーツができ上がったところで、加工職人が組み立て・調整を行い、最後に仕上がりチェックして完成となる。
●各パーツの製作手順は、つくる傘の品質によってまた違ってくる。たとえば、手元と玉留の関係でいえば、普通は手元と玉留を別々につくって組み合わせるが、高級傘になると、手元をまずつくり、そのサイズに合わせて玉留を鋳造することになる。
●宮内庁御用達の前原光栄商店では、各パーツの材質もそこに投入する技術も、一般の洋傘づくりとはかなり違う。ひとことで言えば贅沢なのだ。
●たとえば、傘の開けやすさ、閉めやすさは、中棒の加工精度に左右されるが、前原光栄商店では、この中棒の製作を一般的な中棒職人ではなく、ステッキ職人に依頼している。樫の木の扱いに、高い技術をもっているためだ。このような異業種のプロの手によってつくられた中棒は、傘の中棒というよりビリヤードのキューに似ている。それそのものが作品と呼べるほど、徹底的に「真っ直ぐ」である。
●またはじきは、普通の洋傘では1.5mmのピアノ線が用いられているが、前原光栄商店でははじきの指の当たりをソフトにし、しかも確実にロックするために、上はじきでは1.3mm、下はじきでは1.2mmの燐銅線を使っている。
●指揮官だが一方で東京都知事賞も受賞した腕きき職人でもある前原さんは、はじきの加工だけは自ら行っている。所期の精度を実現するには、それしかないという結論らしい。
●はじきが細くなるほど、中棒にはじきを差し込むための溝の刻み方に、高い精度が求められてくる。中棒に対して限りなく垂直に近い溝を刻まなければならなくなるのだ。たかが0.2〜0.3mmの線の太さの違いだが、この僅かの違いが技術的に要求してくるものは、非常に大きいのだ。

自分の懐だけでものを考えない

前原さんのこうしたものづくりへのこだわりを集大成した傘が、「16本傘」である。16本の傘骨をもつこの傘は、広げた時の形が非常に美しい。また、閉じた時の一枚の布の幅が狭いため、濡れた傘が衣服につきにくく、傘の外縁が8本骨の傘より円に近くなるため、広

ごく普通のペンチを加工したもの。これではじきの曲線部分をつくり出す

金色に輝く燐銅線。これが前原さんの手により次々とはじきの形に変えられていく

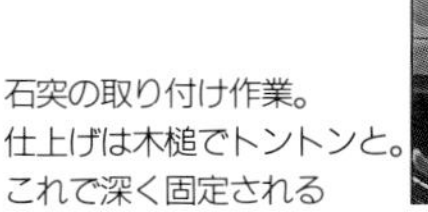

石突の取り付け作業。仕上げは木槌でトントンと。これで深く固定される

げた時の面積が大きくなるなど、実用的な利点も多い。

しかし綺麗な16本傘をつくるのは、難しい。16本の骨を支えるとなると、上ろくろのプラスチックが大型化し、傘全体が太く不細工になるのだ。そこで前原光栄商店では、上ろくろを値段の張る真ちゅう製に替え、ほっそりと上品な外観の16本傘をつくることに成功した。この16本傘は雅子妃殿下も愛用されている。

「傘づくりはオーケストラの指揮みたいなもの。雨音がアンコールに聞こえるような、雨の日が待ちどおしくなるような傘をつくっていきたいですね」と前原さん。

最近の一般の傘は、房やだぼ布のように、目立たないけれど良い音を出す楽器をはしょったものが多く、プロの指揮官としては首をかしげることが多いようだ。

若かりしころはモータースポーツに熱中するなど、幅広く道楽を楽しんだ様子。それが今になって、さまざまなアイデアになって実を結んでいる。

「自分の懐だけでものを考えるなというのが、先代の親父の口癖でしたしね」

そういえばカラヤンも、自らジェット機を操縦するなど、なかなかの道楽者ではあったのだ。この道ひと筋の職人肌とは対照的な「指揮官肌」というものかもしれない。

傘の日本型発展

ところで和傘も洋傘も、もとをただせば輸入品である。和傘は中国や朝鮮半島から、洋傘はヨーロッパからもたらされた。しかし現在、本場ものと比べると、そこには明らかな日本型発展の跡がみられるようだ。

「和傘は中国のものより、構造的に細くてスマートで繊細です。色使いも粋な色を使う。日本人の美学で変わっていったのでしょう」と言うのは、和傘づくりの指揮官である藤沢商店の藤沢健一さん。

一方の洋傘は、「ヨーロッパより激しい雨が降るので、日本の傘のほうが頑丈です。その分、つくる工程には細かいところに配慮があって、うるさいものづくりをしています」と前原さん。

それが装飾面に表れるか機能面に表れるかの違いはあっても、傘もどうやら"繊細な日本と私"というところに辿りつくようなのである。

中国や東南アジアで生産され、現在の日本の傘市場を席巻しているとみられるビニール傘が、今後どう日本的美学で変わっていくのか、少々興味が湧いてくるのだが、一方には「100円ライターとビニール傘は、盗んでも罪にはならない」という"がさつで恥知らずな日本と私"という極もあるので、たぶんこっちの磁場の方が強力だろう。

中棒に接着剤をつける。
さらに固定をしっかりさせるため
綿糸を巻きつける

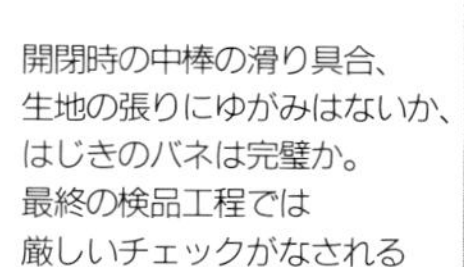

開閉時の中棒の滑り具合、
生地の張りにゆがみはないか、
はじきのバネは完璧か。
最終の検品工程では
厳しいチェックがなされる

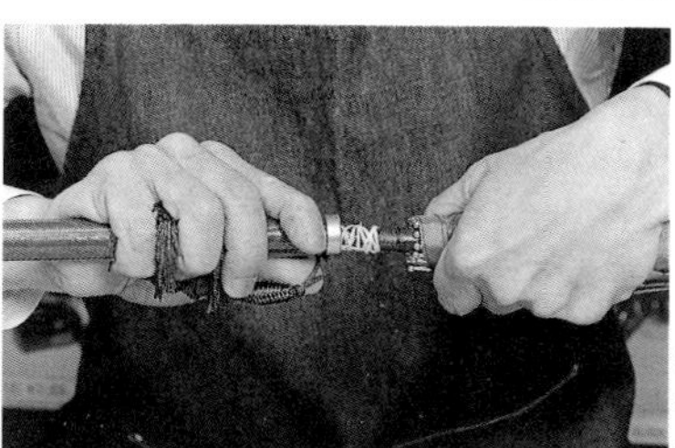

綿糸の巻かれた上から
手元を差し込むので
かなりの力がいる作業だ

傘をつくる

遺失物ベストテン

（1994年/東京都内/警視庁調べ）

順位	種類
1	**傘類**
2	証明書・カード類
3	サイフ類
4	衣類
5	カバン類
6	腕時計
7	カメラ・めがね
8	宝石・貴金属
9	電気製品（ウォークマン・ポケットラジオなど）
10	有価証券（小切手など）

月別傘の忘れもの件数

（1993年/東京都内/警視庁調べ）

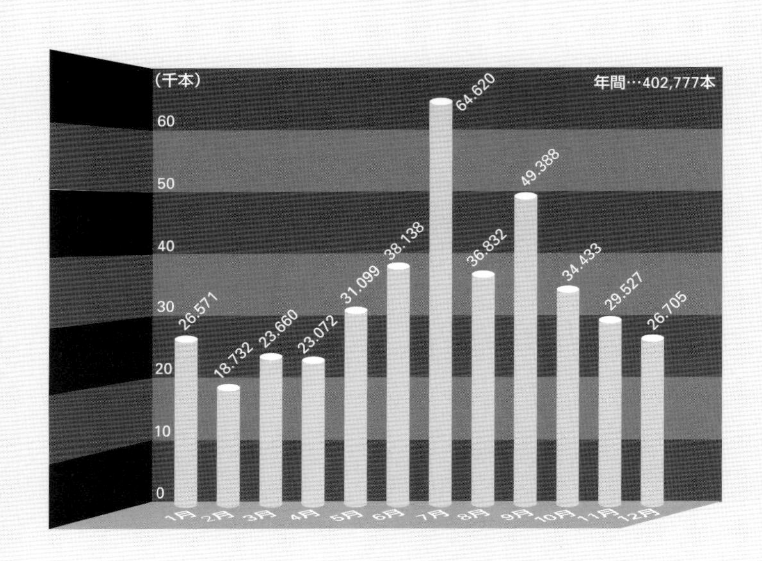

傘の値段

（単位：%/1993年/東京都洋傘ショール商工協同組合アンケート調査）

男性平均4000円

順位	金額	割合
1	2000円台	18.2
2	1000円台	17.4
2	3000円台	17.4
2	8000円以上	17.4
5	5000円台	15.2

女性平均4500円

順位	金額	割合
1	3000円台	21.6
2	8000円以上	19.4
3	5000円台	17.2
4	2000円台	15.7
5	4000円台	8.2

一人当たり傘所有本数

（単位：%/1993年/
東京都洋傘ショール商工協同組合
アンケート調査）

洋傘の生産と供給

（単位：万本/1994年/
東京都洋傘ショール商工協同組合調べ）

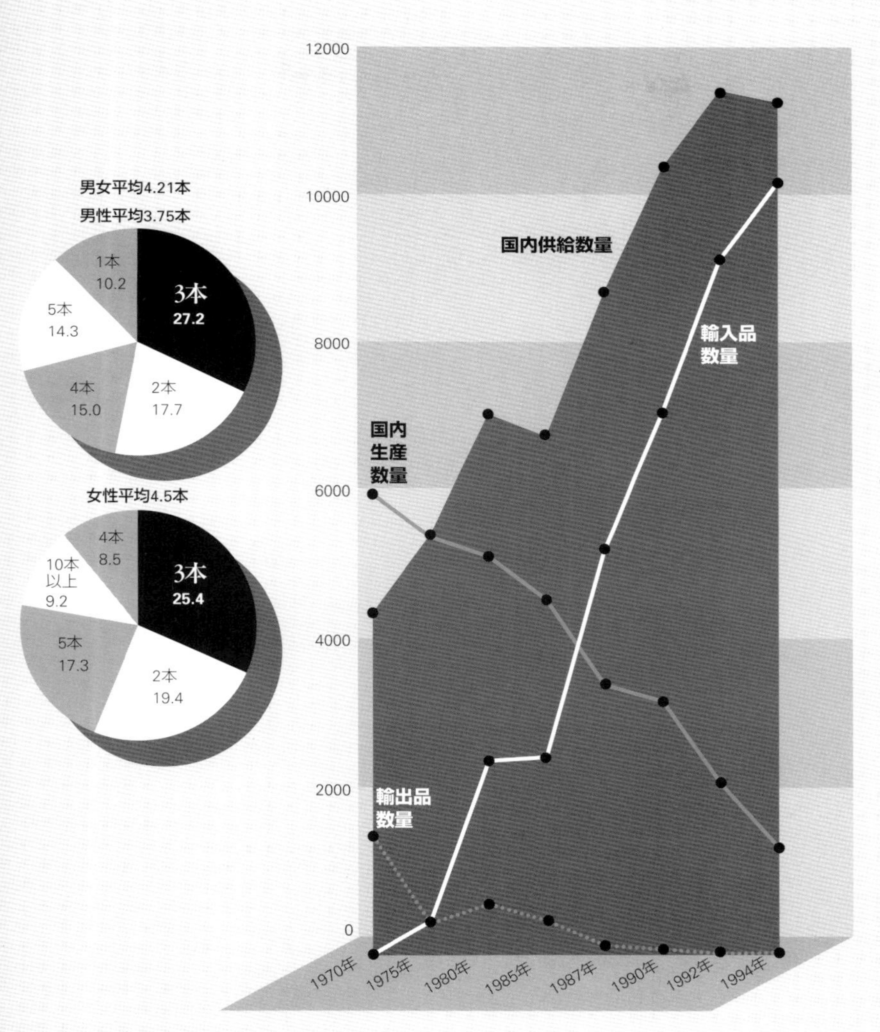

洋傘輸入先推移

（単位：%）

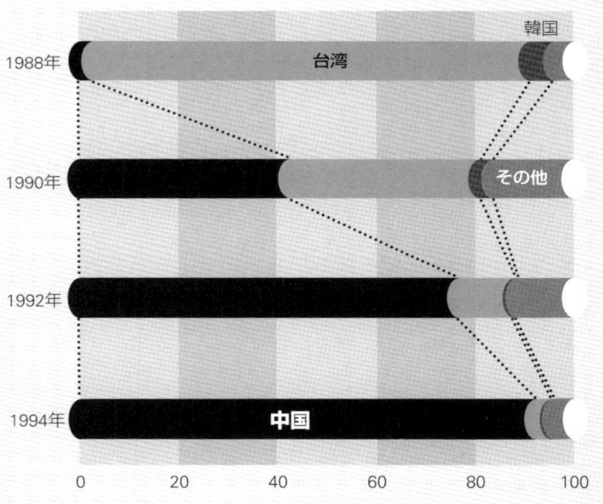

入母屋

千鳥舞う

榧野八束

柳田国男には、戦時下の子供に向けて書かれたいくつかの著書がある。そのひとつ『村と学童』(のちに『母の手毬歌』と改題)は、戦争最末期、親元を離れて地方に疎開した小学生に読ませるべく書かれた。疎開先で見たり触れたりするであろうもの、ことを取り上げ、その成り立ち、意義を明かす7篇は、成人が読んでも興味深い。

その中の「三角は飛ぶ」は、日本の民家の成り立ちを考察する。まず、民家の屋根の形に注目し、それが寄棟(四屋根ともいう)であれ切妻であれ三角をなす。その三角の角度が地方によって違うことを指摘する。角度の違いは、屋根を葺く材料の違い、つまり茅、麦藁の草であるか、板あるいは檜肌、杉皮であるかによって違うことを、具体的にかつわかりやすく説く。こうした屋根の解明が、日本人の住まいの成り立ちを明かすのである。

それにしても「三角は飛ぶ」という題名はユニークではないか。柳田は、冒頭で題名の説明をする。この句は、フランスの詩人、劇作家であるポール・クローデルの詩の一行。クローデルは外交官でもあったので、1921年にフランス大使として来日した。在任中、関東大震災に遭う。1926年、任終えて離日する際、日本を詠ずる一篇の詩を書いて残していった。同詩の各連の終行に「ああ三角は飛ぶよ」という謎めいた一行を置いた。当時の読者はこの一行はどういう意味か、いぶかったという。

「のちになって考えて見ると、それはべつにむつかしい謎ではなかったようである。東京は大正十二年九月の大震災にあって、目ぬきの大通りの町屋は、ほとんどみな焼けくずれて、その跡へはまるで以前のものとはちがった、屋根の平たい堂々たる、ビルというものが建ちならぼうとしていた」(柳田国男『こども風土記・母の手毬歌』岩波文庫)

大震災以前の東京の大通りは、切妻瓦葺き屋根土蔵づくりの商家が軒を連ねていた。すなわち三角の連続する街であったが、震災で一気に焼失してしまう。そのあとにビルが建ち、三角屋根が消えてしまい、東京の景観が変わったことを、異国の象徴派詩人が「ああ三角は飛ぶよ」とうたったのだ。

「しかし日本の屋根の三角は、けっしてまだ

松本市に現存している昭和初期の入母屋住宅

入母屋の旅館(福岡市)

銭湯の入母屋とうだつ(大阪市阿部野区)

東京の目ぬき通りに建つ大店の店構え。震災前までこのような店が軒を連ねていた

飛び去ってしまってはいない。田舎はもちろんのこと、大きな都会でも、あたらしい平屋根が目につき出したというだけで、われわれの住んでいる家は、たいていは三角にとがったままでいる」(前出)と書いた柳田は、次いで新宿駅を発する中央線の汽車の窓から見える、東京西郊、山梨、長野の民家の屋根の三角を解明していく。

柳田の「三角は飛ぶ」が発表されたのは、終戦の年の1月。同じ頃私は東京におり、郷里の長野へ帰るため、中央線を利用していたのだ。だから柳田が例示する沿線民家の三角を、なんとなく見ており、その後に「三角は飛ぶ」を読んで、記憶を新たにしていた。とはいえ、50年後の今日の、中央線沿線風景のなんという変わり様。

あの草葺、板葺の屋根はいずこにありや。まさしく「三角は飛」んでしまった。いや、それはそうだが、今はまったく別の彩り鮮やかな三角が現れている。瓦であれ、カラー鉄板であれ、はたまたプラスチック板であれ、葺材はすべて工場で生産されたもの。したがって葺材の地方差による三角の角度の違いというものは見られなくなった。屋根の形・角度は、一集落においてさえもばらばらである。そういうことでは、信州も、甲州も、東京近郊も同様なのだ。

私には、なぜかほぼ10年周期で旅する機会がめぐってくる。1950年代の中頃の1年に始まり、60、70年代。80年代がぬけて、90年代という具合に。すべて鉄道利用の国内旅行は1年間にまとまり、その他は住地周辺を出ない。というような形で、新幹線が開通する前だから1964年の春、旧東海道線で東京から名古屋へ、そこから関西線で奈良、大阪へと旅をした。その10年前に同じ路線を通過したことがあり、比べて60年代沿線風景の変貌ぶりは、ただ目を見張るばかりだった。

台所部を前面に突き出し、屋根を入母屋にした長屋（大阪市）

戸塚から大磯までの湘南田園地帯は、青いフェンスと緑の芝に囲まれた電気関係の工場が埋めていた。小田原、三島の化学工場、かつての漁港田子浦にはパルプ材の山がいくつもそびえている。銀色の塔が立ちパイプが走り、廃ガスを燃やす焔がたなびく四日市コンビナート――あの辺りは松原続く浜ではなかったか。

沿線各都市は、いずれも市域をひろげている。近隣の田畑をつぶし、山を削って造成された土地に、同じスタイルの住宅がぎっしりと建っている。民間デベロッパーが開発した住宅団地であろう。その間には、成長産業や公共関係の諸施設が広い敷地をとっている。早晩、清水市と静岡市はつながってしまうのではなかろうか。これこそ、世にいう都市化の実態である。

わずか10年前、各駅間に散在していた農家の多くは、消えるか別なものに姿を変えたようだ。藤枝駅を出てすぐ右側に、草葺の水車小屋が佇んでいた。草屋根の葺き替えは、すでに山間の村でも困難になっていた。農家は建て替えるか、草屋根にトタンをかぶせてしのぐしかない。目の前をすぎた新しい2階屋は、庭にガーデントラクターが見えたから農家とわかるものの、家のつくりは市街地の住宅と同じだ。1枚ガラスの窓はアルミサッシ。軒庇の青い波板はプラスチックだろうか、いたるところに新建材。

じつをいうと私は、'50年代前半まで、長野県の田舎町で木材販売を兼ねる小さい建築請負業を営んでいた。周辺農村部農家の建て替えやら作業所の新築、あるいは町家の増改築など手がける。時に利あらずつぶれたというか、つぶしたというかともかく廃業して、学生時代をすごした東京へ出てサラリーマンになったのだ。あのころは、新建材の登場前。金物、セメント、ガラス、ベニヤ板以外は、すべて地場産だった。

7、8年後に帰省して、啞然とするほど変わっていた。かつての同業者は揃って規模を拡大し、盛況をきわめている。うちのひとりは新建材の専売業に転じていた。往時私のところへ出入りしていた不動産ブローカーは、地域デベロッパーに成り上がっている。製材工場の置き場にあるのは外材ばかり。名古屋、東京からトラック輸送で、いくらでも入ってくるという。地場の木材は割高で、しかも需要に足りない。かつては製品の東京出しをしていたことからすれば、ことは逆になっている。

かつて、私のところの仕事をしてもらっていた大工棟梁が3人いた。うち2人は、地方進出の大手プレハブ建築業者の下請けになり、建具屋はのみ・鉋を捨てて、かわりに自動金鋸とドライバーを持ち、アルミサッシを積んだトラックで飛びまわっている。

だが、例外的にむかしながらの職人的大工、建具屋が仕事をしているのも見た。万事に金のかかる和風住宅を建てる者がいるからだった。地場産の良材を使い、床の間、天井など内部に銘木を使う。尺貫法で刻む。これは腕のいい職人大工の仕事だ。そうした家は、外部の戸・窓はアルミサッシだが、内部を仕切る襖・障子は、やはり職人建具屋の手を借りなければならない。

住宅の部品化、標準化、つまりは工業化が本格化している。大工も建具屋も、そして左官も、いまや組み立てである。そうした大勢の中で、職人がわずか生き残っている。これが日本全国の状況であろう。そして70年代に加速し、80年代にピークを迎えたのだろう。

それから数年後、つまり奈良、大阪方面へ旅するすこし前、ふたたび帰省して、町に村に新築住宅が増えていた。そして一部落(30から50戸)に2、3戸は堂々たる2階建てで、しかも軒先をぐっと張り出す入母屋瓦屋根。おそらく、職人大工、建具屋らが手がけたに違いない。こうした入母屋住宅は、かつては村部にはなく、町なかに数戸あるのみだった。むかしの入母屋は目立つものだったが、今日のそれと比べるとすこぶる貧弱に見える。

私の町は、70年代に県庁都市に併合されたが、少なからぬ武家屋敷を残す城下町だった。周辺農村の草屋根が消えた今日でも、町なかに草屋根の武家屋敷があり、旧藩主夫人の住んだ広大な邸宅が残っている。

幕藩体制下では、士と農の住居を区別したことは知られているが、士は士でまた身分による区別があった。わが町旧藩の場合、瓦屋根は藩主と上席家老宅(現存)にかぎられ、以下の士はすべて草屋根。さらに家格の上、中、下により敷地・住居の規模、門・塀がまえが違っていた。門・塀でいうなら、上士は腕木門・土塀、下士は門柱・杉生垣。そして屋根の形は士はすべて寄棟か切妻で、入母屋は藩主宅と藩校だけ。ただ特例として、首席家老家の長屋門のみ入母屋を許された。

山口昌男が、近畿地方を中心にみられる家の「うだつ」(屋根の上にまで張り出した防火用の壁体で、ゆとりある家が付けた)にふれて、屋根には「社会的ステータスの表現」(『祝祭都市』岩波書店)が含まれていると書いている。そもそも入母屋は、元来畿内の寺院(たとえば法隆寺金堂)や貴人の家(たとえば寝殿づくりの諸殿舎)、のちには城閣の屋根のものであった。入母屋は、社会の特権的上層位置の表現を含んでいたのだ。

封建的身分制が解消される明治以後、自由

松本城。
入母屋・唐破風・千鳥破風が見られる

天主・櫓をひとつにしたような
入母屋住宅
(長野県)

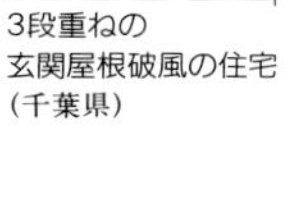

3段重ねの
玄関屋根破風の住宅
(千葉県)

な家づくりが許されるようになって、東京に住む政府高官、財界人、そして時代の成金が邸宅をかまえる。それは洋館でなければ入母屋の和風住宅。やがて、格上の料亭、旅館が入母屋にする。末には銭湯が天理教の教会が入母屋になるだろう。

私の町では、大方の士族は没落し、代わって商人が台頭する。事業をおこして成功する人もいたが、その住宅は旧士族の上士もしくは中士の家を買って住む例が多い。その場合、門・塀のランクを上げていた。また富裕な農家で草葺を取りこわし、瓦屋根の家を建てる者も出てくるが、同時に旧藩時代許されなかった腕木門をかまえた。大正時代にようやく、町の公会堂と登記所の建物の屋根が入母屋になった。一般民家で入母屋住宅が出現するのは昭和になってから。さきに書いた数戸がそれで、建て主は医者と事業の成功者。

私の町はそんな状態だが、県庁都市には入母屋の旅館、一般住宅が多数建てられていた。そのころ東京、大阪など大都市周辺郊外、とくに私鉄沿線はサラリーマンの居住地としてひらける。土地会社の分譲地にいわゆる文化住宅、和風住宅が続々と建てられた。当時の分譲住宅専門会社のカタログによると、工費700円から1万円までの9段階あり、1500円以上の和風住宅はすべて入母屋である。

大阪は他の大都市と違って、大正14年以降に合併した住吉、阿倍野、東成旭などの新市域に、大量の長屋が建てられる。2階長屋の本屋根を入母屋に、あるいは台所部を前面に突き出すいわゆる「前台所」型長屋が、台所部の屋根だけを入母屋にする。また、隣接部に例の「うだつ」を付ける。長屋になっているが、入母屋、うだつのあるここへ住むあんたは「上流」という含みである。近代日本の民は、上昇志向に貫かれているが、入母屋はそうした民の憧れの形であったのだ。

90年代、私はふたたび郷里の住人になった。こんどはそこから名古屋、大阪、九州方面へと幾度も旅する機会があった。あらためて利用する鉄道の沿線風景を眺める。60年代以降の住宅そのものの変化が、都市、農村の風景を一変させ均質化させたとは、誰しもが指摘する。住宅そのものの変化とは、プレハブ住宅、工業化住宅の登場にほかならない。住宅産業の売り上げが、景気動向のバロメーターになろうとは、誰が想像したであろうか。

思えば40年前、名古屋へ行く篠ノ井線汽車の窓から、松本城の天守閣はたしかに見えていたのに、今は建ち並ぶビルが隠している。ビルの手前は住宅が埋めている。それら住宅群は、少数のうす黒い戦前の建物のほかは、戦後、それも60年代以降に建てられたものに違いない。新しい住宅の外観から、およその建設年代の見当をつけることができる。工業化住宅の外観は、消費商品が装いを変えるように変えてきたのだ。もっとも、2階のベランダ、1階のポーチ、要所の出窓は、どの年代の住宅にも共通しているけれど。

中央線から東海道・山陽の新幹線は九州博多まで、車窓風景は同じ。四国、東北も、山陰、北陸もたぶん同じであろうことは、テレビの旅番組やニュースがひろう地方風景映像を見てわかる。そしてあの入母屋住宅が私の住んでいるところと同じ姿、同じ割合で建っていることも。

さて、名古屋を出た列車が関ヶ原をすぎて近畿圏に入ると、入母屋住宅の戸数が増えてくる。家柄が大きく、破風部が凸形の曲線の「起(むく)り」入母屋が目立つ。近畿人とくに大阪人は「起り」が好みらしい。反対に凹形の曲線の「反(そ)り」破風もたまに見る。プレハブ住宅が50戸建つとすれば、入母屋住宅は1ないし2戸建つということのようだ。

戦前の入母屋住宅の破風は、本棟の両端2カ所のみというのが大部分で、その他玄関もしくは南面の居間を出部屋にして屋根をかけ入母屋にしたものもあるが、4カ所どまりである。最近の入母屋住宅は、1戸で7個、8個もの破風を装う。玄関部に2段、3段の破風を重ねる。しかも前から後ろへと大きくする。3段に対応する平面プランを立てなければならない。また屋根部が重くなるから、構造上の配慮もいる、という具合で家柄は大きくならざるをえない。

玄関(表)の反対側(裏)は、1階部に3尺(約1m)もしくは6尺の下屋を出しはするものの壁面でおくが、その下屋の上に破風を設ける。これなどは、さながら古城の千鳥破風。こうして、1戸に7カ所、8カ所もの破風が装われる。

重装入母屋住宅の堂々ぶりを、ひた走る列車の窓から見ると「嗚呼千鳥舞う」――これはこれまさしく「城」ではないか、と思わずにはいられない。あるいは上昇志向の行きどまりとも。玄関屋根破風の3段重ねの含意は、2層楼城の3層、4層……。しかも、鬼瓦、すはま瓦に、金色燦然たる家紋を浮き出したりすれば、なお！

8個もの入母屋をもつ住宅
(長野県)

執筆者紹介

［掲出順・敬称略・文責＝編集部］

郡司正勝……ぐんじ・まさかつ

1913年札幌市生まれ。早稲田大学国文科卒業。早稲田大学演劇科教授を退職後、同大学名誉教授。国立劇場理事。日本演劇史(歌舞伎)、舞踊史、民俗芸能専攻。著書、『かぶき―様式と伝承』(學藝書林)『おどりの美学』(演劇出版社)『風流の図像誌』(三省堂)他。

杉浦康平……すぎうら・こうへい

1932年東京生まれ。東京芸術大学建築学科卒業。グラフィックデザイナー。著書、『伝真言院両界曼荼羅』(平凡社)『ビジュアル・コミュニケーション』(講談社)『文字の宇宙』(写研)他。

田中 淡……たなか・たん

1946年神奈川県生まれ。東京大学大学院工学系研究科修士課程修了。京都大学人文科学研究所教授。中国建築史・技術史専攻。著書、『中国建築史の研究』(弘文堂)『故宮博物院』(共著、講談社)『中国の古建築』(共編、講談社)他。

服部幸雄……はっとり・ゆきお

1932年愛知県生まれ。名古屋大学文学部卒業。千葉大学文学部教授。歌舞伎、日本文化史専攻。著書、『歌舞伎成立の研究』(風間書房)『変化論―歌舞伎の精神史』(平凡社)『江戸歌舞伎』『歌舞伎のキーワード』(ともに岩波書店)他。

深井晃子……ふかい・あきこ

お茶の水女子大学大学院修士課程修了。西洋服装史専攻。パリ第4大学(ソルボンヌ)留学。京都服飾文化研究財団チーフキュレーター、神戸女子大学教授。著書、『パリ・コレクション』(講談社)『ジャポニスム イン ファッション』(平凡社)他。

山田 勝……やまだ・まさる

1942年和歌山県生まれ。大阪大学大学院文学研究科博士課程修了。神戸市外国語大学教授。英文学、英国史、風俗史専攻。著書、『イギリス人の表と裏』(NHKブックス)『イギリス貴族―ダンディたちの美学と生活』(創元社)他。

小松和彦……こまつ・かずひこ

1947年東京生まれ。東京都立大学大学院社会人類学博士課程修了。大阪大学文学部日本学科助教授。文化人類学、日本民俗学専攻。著書、『妖怪草紙―あやしきものたちの消息』(工作舎)『異人論』(青土社)『日本妖怪異聞録』(小学館)他。

木部与巴仁……きべ・よはに

1958年愛知県生まれ。文筆、劇作、歌舞伎研究、ビデオ制作を手がける。著書、「落っ陥ちた犬」(舞台)「黄昏のゴジラに捧ぐ」(ビデオ)「東京の「けもの道」」(共著、平凡社)『横尾忠則365日の伝説』(新潮社、近刊)他。

石本君代……いしもと・きみよ

1959年徳島県生まれ。早稲田大学文学部卒業。フリーライター。

榧野八束……かやの・やつか

1926年長野県生まれ。さまざまな職業を経たのち、'60年代からおもに美術についての雑文を発表。著書、『近代日本のデザイン思想』(フィルムアート社)『［江戸―東京］河岸奇譚』(INAX)。

取材協力&資料提供……敬称略

岐阜市歴史博物館／名古屋市博物館／藤沢商店／前原光栄商店／古屋商店／鈴本演芸場／日本洋傘振興協議会／東京都洋傘ショール商工協同組合／洋傘タイムズ

【使用写真】
表1……総柄の和傘。所蔵＝岐阜市歴史博物館
折返し…上：サテン婦人用日傘。所蔵＝古屋源太郎
中：梅模様の和傘。所蔵＝岐阜市歴史博物館
下：総レース婦人用日傘。所蔵＝名古屋市博物館
扉………紳士用雨傘。所蔵＝前原光栄商店
表4……和傘のかがり。所蔵＝岐阜市歴史博物館
背………紳士用雨傘。所蔵＝前原光栄商店
撮影……田淵暁

和傘・パラソル・アンブレラ

LIXIL BOOKLET
企画……LIXILギャラリー企画委員会
制作……株式会社LIXIL
編集……住友和子編集室＋村松寿満子＋吉村明彦
デザイン……鈴木一誌＋蒲谷孝夫＋廣田清子
印刷……株式会社チューエツ
写植……株式会社アスク
手動写植……長久雅行
発行者……佐竹葉子
発行……LIXIL出版
東京都中央区京橋3-6-18
Phone: 03-5250-6556
発行日……1995年9月5日
第2版第1刷 2016年2月10日
ISBN978-4-86480-712-8